现代环境景观设计初探

XIANDAI HUANJING JINGGUAN SHEJI CHUTAN

刘静霞◎著

内 容 提 要

本书主要是围绕现代环境景观设计展开论述的。书中采用理论与实践相结合的写作方式。首先对环境景观设计进行了基本的论述，并对环境景观设计的理论认知进行了概要的介绍。在此基础上，对环境景观设计的资源构成、环境景观种植设计、道路与广场景观设计、园林建筑及环境小品设计、环境景观照明设计、公园景观设计以及滨水环境景观设计等具体的环境景观设计领域进行了专门的分析与研究。

图书在版编目(CIP)数据

现代环境景观设计初探/刘静霞著.--北京：中国水利水电出版社，2015.7（2022.9重印）

ISBN 978-7-5170-3456-8

Ⅰ.①现… Ⅱ.①刘… Ⅲ.①景观设计—环境设计—研究 Ⅳ.①TU—856

中国版本图书馆 CIP 数据核字(2015)第 174707 号

策划编辑：杨庆川　责任编辑：陈　洁　封面设计：崔　蕾

书　　名	现代环境景观设计初探
作　　者	刘静霞　著
出版发行	中国水利水电出版社
	(北京市海淀区玉渊潭南路 1 号 D 座 100038)
	网址：www.waterpub.com.cn
	E-mail：mchannel@263.net(万水)
	sales@mwr.gov.cn
	电话：(010)68545888(营销中心)、82562819（万水）
经　　售	北京科水图书销售有限公司
	电话：(010)63202643、68545874
	全国各地新华书店和相关出版物销售网点
排　　版	北京鑫海胜蓝数码科技有限公司
印　　刷	天津光之彩印刷有限公司
规　　格	170mm×240mm　16 开本　17 印张　220 千字
版　　次	2015年11月第1版　2022年9月第2次印刷
印　　数	2001-3001册
定　　价	52.00 元

前　言

对于人类社会的发展而言，环境的改善是一个重要的课题。在当代社会中，环境景观设计是人类社会步入后工业文明信息时代诞生的绿色设计系统中的一个重要组成部分。目前，环境景观设计的发展相对来说较为落后，在理论上还有许多界定不清的概念，如对“景观”一词的理解和景观设计涵盖的内容方面就存在争议。作者撰写这本《现代环境景观设计初探》，一方面是为当代环境景观设计的实践活动提供一定的理论指导，另一方面是为学者们研究环境景观设计提供一定的参考。

本书内容共有九章。其中，第一章对环境景观设计进行了概要的论述；第二章系统地介绍了环境景观设计的理论；第三章对环境景观设计的资源构成进行了详细的分析与研究；第四章对环境景观种植设计进行了专门的研究；第五章对道路与广场景观设计进行了具体的探究；第六章对园林建筑及环境小品设计进行了较为具体的研究；第七章对环境景观照明设计做了全面且系统的研究；第八章详细地阐述了公园景观设计的相关内容；第九章对滨水环境景观设计的理论与实践进行了相应的探讨。

作者在本书的撰写过程中遵循理论与实践相结合的原则，一方面介绍了环境景观设计的基本理论，另一方面还对环境景观设计的具体实践工作进行了详细的探讨。本书具有全面性、系统性和实用性的特点，并且内容详尽、言简意赅、结构合理、案例丰富，对环境景观设计的理论与实践工作具有一定的帮助与指导意义。

此外，作者广泛参考、借鉴了业内专家学者们关于环境景观设计的研究成果，在此表示由衷的谢意！由于各方面条件所限，本书内容难免会存在一些谬误之处，在此恳请广大读者、业内专家不吝赐教，提出宝贵建议，以便于作者日后对本书做进一步的修改与完善。

作　者

2015 年 5 月

目　　录

前言

第一章　绪论 …… 1

第一节　环境景观设计的内涵与研究目的 …… 1
第二节　环境景观设计的特点与原则 …… 5

第二章　环境景观设计的理论认知 …… 13

第一节　环境景观设计的功能与价值 …… 13
第二节　环境景观设计的程序与表达技法 …… 22
第三节　环境景观设计的材质与色彩 …… 36

第三章　环境景观设计的资源构成 …… 51

第一节　自然景观资源 …… 51
第二节　人文景观资源 …… 63

第四章　环境景观种植设计 …… 89

第一节　环境景观种植设计概述 …… 89
第二节　环境景观种植的具体设计 …… 96

第五章　道路与广场景观设计 …… 126

第一节　道路景观设计 …… 126
第二节　广场景观设计 …… 139

第六章 园林建筑及环境小品设计 …………………… 148

第一节 园林建筑及环境小品概述 ………………… 148
第二节 园林建筑及环境小品的具体设计 ………… 160

第七章 环境景观照明设计 …………………………… 172

第一节 环境景观照明设计的理论基础 …………… 172
第二节 环境景观照明的具体设计 ………………… 180

第八章 公园景观设计 ………………………………… 185

第一节 公园的分类 ………………………………… 185
第二节 不同类型公园景观的设计 ………………… 210

第九章 滨水环境景观设计 …………………………… 226

第一节 滨水环境景观设计概述 …………………… 226
第二节 滨水环境景观设计的原则与方法 ………… 247
第三节 滨水环境景观设计实例分析 ……………… 258

参考文献 ……………………………………………… 265

第一章　绪论

环境景观设计是一门科学和艺术相结合的新兴的边缘性学科。它是以艺术设计学科中的设计方法为基础，对环境景观设计进行系统性的研究。这门学科涉及自然景观和人文景观还有其他诸如地理学、建筑学、心理学、美学等领域的基本理论和方法。本章就环境景观设计的内涵、研究目的、特点与原则进行阐述。

第一节　环境景观设计的内涵与研究目的

一、环境景观设计的内涵

（一）环境景观的概念

《现代汉语词典》对环境这一概念的解释是这样的：第一，周围的地方；第二，周围的情况和条件。《牛津英语词典》对环境这一概念的解释如下。

（1）欲包围的行为和被包围的状态（本义）。

（2）包围任何事物的物体或地区（生态学上的意义）。

环境科学领域环境的含义是：主体为人类社会的外部世界的总称。"它既包括未经人类改造过的自然要素（如阳光、空气、陆地天然水体、天然森林、草原和野生生物等）和经过人类改造和创造过的事物（如水库、农田、园林、村落城市、工厂、港口、公路和铁路等),还包括由这些物理要素构成的系统及其所呈现的状态和相互关系。"[1]

环境有诸多类型,诸如社会文化环境、自然环境、人工环境等。从不同的层次来看,环境又指地理学中的地理环境可分为人类环境和地理环境。人类环境指人类社会的技术进步所能达到的范围,其内涵和外延随着人类社会的发展而不断扩大。地理环境就是指人类所生存和发展于其中的最基本的环境。地理环境又分为不同的层次,依次为大气圈、岩石圈、水圈、生物圈和人类圈。

景观就是景和观的统一体。景,就是景致、景物、景色、景象、风景,指客观存在着的一切存在物。观,就是观看、观赏的意思,指称人对客观环境中存在的事物的感受。《现代汉语词典》对景观的解释有两条:一是指某地或某种类型的自然景色;二是泛指可供观赏的景物。

综合起来,景观就是土地及土地上的空间和物质的总和,是自然演变和人类活动综合作用的结果。从大的方面来讲,可以将景观分为自然景观和人文景观。环境景观就是环境和景观的综合统一体,就是地球上的自然环境景观和人文环境及景观的总和。与环境和景观类似,环境景观也可以分为自然环境景观和人文环境景观。自然环境景观综合体现在自然的地域性上,人文环境景观则是人类自身发展的历史过程中艺术、科学和历史的概括。

(二)环境景观设计的内涵

著名的芬兰籍建筑师伊利尔·沙里宁(Eliel Saarinene,1873—1950)指出,"人们的生活与工作,需要有令人满意的设施与健康的环境。必须记住,家庭及其宅院是社会的基础,而一个人的身心发展,跟他在哪里接受儿童抚养,度过成年时期和从事

① 黄春华:《环境景观设计原理》,长沙:湖南大学出版社,2010年,第2页。

工作的生活环境，都有很大的关系。家庭与居住环境越能陶冶人们——个人和集体——正直的生活和真诚的工作，则社会也越有可能维持悠久的社会秩序。”并指出一条古老的而浅显的格言“城市的主要目的，是为了给居民提供生活上和工作上的良好设施”。

环境景观设计是一门边缘性、应用性学科，它源于艺术设计学科，并涉及诸如建筑学、文化学、设计美学、民族学、宗教学、考古学、心理学等许多学科，其学科基础是艺术学的设计方法以及自然科学和人文艺术学科，并对环境景观进行研究。由于任何事物包括社会都在不断向前变化发展，因而环境景观设计的概念也在不断因人类活动和地理特征的影响而历史地发展着，它是一个动态演变的过程，也在随着人们对于自身和自然的认识程度的提高而不断完善和更新。

环境景观设计的核心是人与环境的交互作用。环境景观设计是通过对自然和人文环境的系统并合理的规划与建设，组织和引导人们在环境景观中的行为，进而为环境景观持续注入生机和活力，使人与自然互相协调，使二者和谐并存。例如我们提倡建设生态宜居的城市，就是人们对环境景观的要求不断提高和城市可持续发展需要相结合的结果。

环境景观设计包括两个大的方向，即环境景观规划和环境景观设计。环境景观规划是指在较大范围内安排恰当的土地利用，以期达到既保护人文景观又能创造出优美宜居的人居环境的目的。环境景观设计就是用科学和艺术的方法对一块土地进行土地的空间设计。

环境景观设计的主要对象或内容是环境景观中的人文环境景观。人文环境景观有广义和狭义之分，广义的概念包括政治、经济等诸多内容，这里专指狭义的而言，“就是以人类居住聚落的人文景观研究为主线，包含乡村、集镇、城市环境景观形态的形成、发展”[①]。

---

① 郑宏:《环境景观设计》(第二版)，北京:中国建筑工业出版社，2006年，第4页。

二、环境景观设计的研究目的

环境景观设计研究主要是通过对环境景观的特色和特性进行分析，从而有利于人们对环境景观形成正确的认识，有利于人们合理地利用和开发土地，以及继承、保持和发展这些人文景观特色，并且在上述基础上打造出具有可持续性的新环境景观，以使我们的生活空间具有鲜明的特色和个性，让我们的生活环境、空间景观形态具有持续的多样性。这是环境景观设计研究的根本目的和出发点。进一步说，环境景观设计最核心的就是以自然和人文景观的研究为基础，综合运用景观规划、管理与建设等多方面的知识，利用一切诸如街道、树木、房屋等资源以创造性的方式将它们编织、组合起来，其中综合运用了科学和艺术的成分，从而最终实现我们所居住的乡村和城市中的环境景观富有鲜明的个性与特色。

环境景观设计研究的最核心的灵魂是具有鲜明的、容易识别的特色。换句话来说，判断环境景观设计的成功与否就在于看它有没有鲜明的个性和特色。一个民族在特定历史和地区的社会生活、精神生活、生活情趣以及习俗等特色必然会反映到环境景观上。环境景观特色具有不可替代性，一般分布于一定的区域范围内。有鉴于此，环境景观特色主要遵循环境区域分异规律。

环境景观的特色性容易在封闭的环境中形成。这种特色性也容易在封闭的环境中得到保持。随着现代快节奏社会的发展，封闭性的区域环境被打破，世界各地环境景观竞相模仿，此现象在发展中国家尤甚。由于对发达国家生活环境的急切向往，于是发展中国家盲目模仿发达国家的环境景观，因此使得南北国家的环境景观趋于相同或相似，从而出现环境景观的趋同化，即环境景观的“特色危机”。因此，摆在人们面前的最为急迫而艰巨的任务就是保持环境景观的特色性，让环境景观恢复多样性。我国在21世纪，更应该加强环境景观设计的研究，使全中国从大中小城市到乡村街道都能形成自己独特的环境景观。

第二节 环境景观设计的特点与原则

一、环境景观设计的特点

环境景观设计主要运用的是艺术设计的方法,将自然景观和人文景观作为环境景观设计的主要对象。环境景观设计作为一门交叉、边缘性学科,必然联系地理学、建筑学、心理学、美学等诸多学科,从而形成了环境景观设计的四大特点:综合性、地域性、动态性和多样性。

(一)环境景观设计的综合性特点

环境景观设计是由许多种要素综合作用的整体,这个综合体主要包括自然环境景观系统和人文环境景观系统,这两个系统叠加起来,使得环境景观设计具有了综合性的特点。环境景观设计不仅要考虑其各个组成要素,同时,更为重要的是把它看作统一的整体,综合地研究组成要素及其相互的关系。由于环境景观有它自身独特的复杂性,因此,我们在对某一要素进行研究时,应该根据不同环境景观的特点,对不同要素采用不同的方法,同时又要考虑到整体性的特点,综合各种要素,通盘考虑来进行研究和设计。

具体而言,环境景观设计的综合性特点在于其融合了功用性、生态性、社会性。

1. 环境景观设计的功用性

环境景观是外显的空间与物质实体,是一种客观存在。环境景观的独特性不仅体现在它的艺术性上,并且从基础上讲,它是人类生产与生活必需的空间。环境景观必须满足人们的各种需要，如生产、流通和消费等，必然要为城市的第二、三产业的发展提供足够的空间，必须有完备的基础设施以及文化娱乐公共设施，这就是环境景观必须具备的首要因素——功用性。

2. 环境景观设计的生态性

环境景观的生态性是指人类在环境景观的规划设计过程中既保护自然生态环境，同时又建设了适宜人类居住的环境。环境景观既然是人类改造自然的产物，因而，它的设计过程同时也是自然生态系统向城市生态系统转化的过程，其间必然伴随着人类对自然的改造。因此，环境景观设计要遵循自然生态规律，尽量减少对自然的破坏，减少掠夺式开发资源，减少破坏生物多样性，反之，掠夺式、破坏式地建设环境景观，最终会导致自然生态的破坏，让人类自食恶果。

3. 环境景观设计的社会性

美国著名的心理学家马斯洛创建了经典的“需要层次”理论，即人们的需要包括五个层次，依次为生理需求、安全需求、归属与爱的需求、尊重的需求、自我实现的需求。五个层次的需求从低到高依次排列，通常情况下，人们只有满足了第一层次的需求后，才能产生高一层次的需求。环境景观设计不仅仅要满足人们低层次的生理需求，更重要的是要满足人们的社会需要特别是交往需求。因而，环境景观设计具有很深的社会内涵。具体来说，主要表现在以下几方面。

(1)环境景观设计的文化性

从表面上看，环境景观是空间和物质实体，但从深层次看它与人的精神世界和社会心理有着千丝万缕的联系。作为人类文化的创造物，环境景观必然附着人类的价值观念和不同的思维方式，蕴含着深层次文化上的差异。例如，中国和法国两国的古典园林就代表了东西方两种不同的价值观和思维方式。

(2)环境景观设计的心理性

意大利著名的建筑学家布鲁诺·赛维说:“尽管我们可能忽视空间,然而空间却影响着我们,并且控制着我们的精神活动;我们从建筑中获得美感……这种美感大部分是从空间中产生出来的。”事实上,何止是美感,人的一切心理活动,例如认识、知觉、安全感、舒适感或孤独感等,都与环境景观有着密切的联系。

在一个各方面较好的环境景观中,人会本能地产生一种愉悦感;然而当身处一个各方面较差的环境中时,人立刻会产生一种厌恶感,进而不愿在这样的环境中停留。所以,环境景观与人的心理是有着十分密切的关系的。

(3)环境景观设计的美学性

人类的天性就是追求美的。在人类历史上,人们在环境景观设计的过程中总是尽力将功用性与美学性紧密联系起来,力求做到二者的完美结合。环境景观设计的美学性体现在环境景观设计的方方面面。它不仅体现在一个小小的环境小品设施的设计上,同时更体现在诸多功能区的组织协调过程中。所以,环境景观的整体空间组织极为重要,它比设计单个小品设施要重要得多。

环境景观的构建过程,必然涉及尺度、比例、色彩装饰等问题,关系到不同要素之间的搭配问题,空间的整体布局问题,要素之间的韵律与节奏问题等,这些问题都涉及美学的范畴。因而,环境景观的设计必然涉及美学性的问题。

(二)环境景观设计的地域性特点

人文景观和自然景观分布不平衡的特点,决定了环境景观设计的地域性特点。地域性就是环境景观设计在不同的地区会随着当地地域分异规律的不同呈现出不同的特点。由于不同的地域在自然景观和人文景观方面存在不同的形态,某种地理环境要素在一个地区所呈现出的变化规律在另一个地域或许是不一样的。

环境景观设计的地域性首先就表现在它的自然条件上，包括环境景观当地的地形、地貌、气候和水文等，这是环境景观设计的基础，同时也是人类赖以形成和存在的物质空间前提条件。其次，环境景观的地域性在很大程度上还受到人们的审美意趣、社会心理和生活方式的影响。因此，研究环境景观地域性的特点的同时要分析不同地域内部的结构，包括不同的空间要素之间的关系以及它们在环境景观地域整体中的作用，区域之间的相互联系，以其之间在变化发展中的相互制约关系。

环境景观的地域性特点研究是一种获得人文景观和自然景观特点及其形成的重要方法与手段。

（三）环境景观设计的动态性特点

由于不同地域、不同地区的自然景观和人文景观是不同的，即便是同一地区的自然景观和人文景观也处在不断的变化发展之中，这就决定了环境景观设计的动态性特点。所谓动态性，就是将环境景观现象作为一种历史发展的动态现象去考察，研究不同的历史阶段环境景观的设计、建造和发展的及其演变规律。

（四）环境景观设计的多样性特点

地理环境和人文环境的复杂性和多样性决定了环境景观设计的多样性。多样性要求我们在进行环境景观设计时要采用实地考察的方法，包括实地测量、现场摄影、绘画、调查数据等。只有这样，才能使环境景观设计符合实际情况。

二、环境景观设计的原则

环境景观设计是一项综合、复杂的系统性工程，它设计的目标和愿景是为人类创造一个安全、卫生、舒适、优美、方便高效并且富有特色的外部环境，满足人们的物质和精神需要。有鉴于此，环境景观设计必须遵循以下几条原则。

（一）环境景观设计的综合性原则

环境景观设计是一门新兴的边缘性学科，它是一门涉及人类居住系统各个层面的综合性学科，是关系人类生存各方面的综合性学科，是集合了工程技术、科学和艺术三位一体的应用性学科。国际景观师联盟荣誉主席杰佛里·加里柯说："景观设计是各类艺术中最为综合的艺术，它将景观规划、建筑艺术设计彼此融合，与生态学、美学文化学等多种学科彼此关联。"这就决定了环境景观设计的综合性特点，环境景观设计研究不仅要求人们研究其各个组成要素，而且更为重要的是把它看作一个统一的整体，综合各方面研究其组成要素以及它们的组合关系。

（二）环境景观设计的动态性原则

环境景观设计中的人文景观和自然景观是在不断变化发展的，从而决定了环境景观设计必须以动态的观点和视角以及方法去研究。所谓动态的观点和方法，就是将环境景观作为历史发展中的现象去考察，考察不同的历史时期环境景观的设计、创建及其演变规律。

环境景观的综合性、地域性、动态性、多样性特点都要求在设计中必须坚持动态性的原则。环境景观的设计，不应只着眼于目前的环境和景观，还应该着眼于它历史过程中的连续变化，因此应该让整个设计及创建过程具有一定的弹性和自由度。

环境景观设计的动态性原则，不仅有上述层面的意义，还内含着可持续发展的意义。环境景观的设计不同于其他物品的设计，其本身要考虑到一代甚至几代人的使用，因而，设计过程中一定要谨慎，务必与可持续发展相联系。

（三）环境景观设计的人本性原则

人是环境景观的主体，环境景观的设计和创建都是为人服务的，因此环境景观的设计和创建务必做到坚持以人为本，满足人们的各种不同需求。具体来说,要做到以下几点。

第一,环境景观设计必须具备舒适性。随着现代城市居民尤其是年轻人闲暇时间的增多,人们在教育、健身、休闲、社会活动和交往等多方面产生了各种不同的需要,从而提高了他们对环境景观舒适性的要求,对环境景观设计提出了更为高标准的要求。

第二,环境景观设计必须具备可识别性。以人为本的环境景观,必须是一个人容易识别的环境。容易识别的环境景观应该有空间层次感,有标志性的建筑物,有指示性的信息,并且要有文化感和良好的周边环境。

第三,环境景观设计必须具备可参与性。可参与性就是生活在环境景观周围的人必须能够参与到所设计和创建的环境景观中来,在其中进行各种娱乐、学习或休闲活动。可参与性是人们在室外环境中的基本权利。

第四,环境景观的设计必须具备可选择性。良好的环境景观必须能够给人们多种机会以供选择,这与环境景观的多样性是相一致的。

第五,环境景观设计必须具备方便性。所谓方便性就是环境景观所设计的各种设施应当方便人们的使用,便于各种不同年龄阶段的人群在其中进行各种活动。环境景观的空间是一个满足人们各种需求的场所,所以,环境景观的设计应当尽量为人们的使用提供方便。

(四)环境景观设计的程序性原则

1. 委托受权,明确目标

环境景观设计的开始环节就是接受工程的委托。为了在工作中避免产生矛盾和纠纷,委托方和设计方要按照互信、互惠、互利的原则签订委托协议或合同。协议或合同中要明确甲(委托方)乙(设计施工方)双方的权利和义务。合同或协议一旦签订,即代表其发生了法律效力,双方必须执行。在合同或协议执行过程中，如果任何一方发生变化或两方产生争执，甲乙双方都应该本着友好、平等的原则进行协商。协商不成时，可以诉诸法律，通过法律途径来得到解决。

签订委托协议时，要明确设计的目标，对所承担的项目的基本情况要做到比较全面的了解，例如设计所在位置、规划条件、设计要求和难度以及其他一些相关的问题。

2. 现场调查，收集资料

现场调查就是到设计施工的现场进行调查，为收集各种资料做准备。现场调查的目的是从整体上把握设计场地的印象，收集相关的资料并予以确定。实际上，优秀的环境景观设计方案往往是设计师在现场考察时形成的。现场调查对象应包括场地内、外部环境中的物质和非物质资源。

调查开始前，应该列一份资料清单，列出要收集的资料。这些资料中最为重要的就是地形图。地形图不仅包括显性的地表建筑，同时也要考虑到城市地下管网、城市今后的发展等这些隐性条件。另外，现场调查也不是一次就能完成的，在以后的规划设计中，还要多次回到现场进行补充调查。现场调查也要尽可能做到全面，也就是要全面记录下勘察现场的多方面信息。

3. 分析信息，构思方案

在对现场的资源和信息进行了全面的收集后，接下来的工作就是对获得的信息进行系统的整理和分析，目的是设计出与环境相契合的景观方案。在对所收集的信息进行分析的过程中要做到准确、客观、全面，既分析有利条件，同时也分析不利条件，找出存在的问题和制约发展的“瓶颈”性问题。

在构思方案时，现象勘察得到的资源与创造性思维的结合是十分重要的。应辩证地看待现场的资源条件，尽量做到因地制宜、因势利导，做到对现场内所有可用资源的充分利用。只有有别于其他场地的设计才具有独特性，才具有可识别的特色，也才能成为独具特色的独一无二的设计。

4. 设计实施,评估回访

设计实施阶段也就是景观设计的细化实施阶段。为了确保设计方案和目标的实现,景观建设在实际的建设施工过程中务必要结合场地、材料和施工等各种条件进行施工现场的二次设计,同时适时调整施工的方案。

项目完成前,景观建筑设计师会向业主提供一份详细的说明书,其中既有对设计本身的说明,也有对今后环境设施在使用和维护中的必要说明。在景观建设完成并投入使用后,还应当进行不定期的后期项目回访和使用后效果的评估。这样,不仅可以对回访中发现的问题进行及时总结和改进,表现出对整个项目全过程负责的态度,同时,自身的专业能力也会得到较为迅速的提升,而且还可以建立起良好的企业或职业形象,在获得良好的客户口碑同时提高市场认可度。

第二章　环境景观设计的理论认知

环境景观设计是一门综合性的交叉学科，同时也是一门新兴的学科。了解环境景观设计的相关理论知识，有助于我们加深对环境景观设计的理解，从而设计出更符合人们需要的环境景观。

第一节　环境景观设计的功能与价值

一、环境景观设计的功能

环境景观设计既可以为人类的活动创造适宜的空间，同时又能增加环境景观的美观性与活泼性，同时还能保护和改善人与自然生态环境的关系。环境景观设计因其特有的平衡生态和保护环境的作用，从而奠定了它在现代社会中的重要地位。具体来说，环境景观设计的功能主要表现在以下几个方面。

（一）使用功能

1. 空间交流的功能

环境景观设计的使用功能主要体现在场所的交流性上，即主要体现在人与环境的互动。这种交流性可以说是一种氛围，让人在不经意之间产生一种心灵的共鸣，在自己无法察觉的情况下陶冶自己的情操。另外一点就是环境经设计的人性化。环境景观是一种场景，它让人在不经意之间与环境产生交流，在不经意之间把自己的情感融入自己所身处的场景之中。环境景观的设计其实是以人为轴心的，它更加注重环境为人所创造的价值，不仅尊重人的自然需要，而且更加尊重人的社会需要。在以人为本的问题上，空间交流的人性化设计是有不同的层次的，它不仅仅要考虑到个体的人，而且要考虑整个群体的人。

2. 物理层次的关怀功能

人的基本需要是物理空间层次的需要。环境空间中的人性化设计不仅能给生活带来方便，更为重要的是它会使人们与环境景观之间的关系更为融洽。它会最大限度地照顾人们的行为方式，体谅人的感情，使人们感到舒适，而不是让人们去适应它、迁就它。环境景观在设计时要考虑到不同的年龄人群和文化层次人的活动特点。环境景观中要有明确的不同的功能分区，一定要形成动静结合、开放和封闭相互结合的空间结构，从而满足不同人群的需要。富有人性化的设计更大程度地体现在环境景观设计的细节之处，如公共场所为方便残疾人乘坐轮椅而设置了无障碍坡道(图 2-1)。

图 2-1

3. 心理层次的关怀功能

心理层次的愉悦感没有物理层次的愉悦感那么直接，心理层次的愉悦感是难以言说和察觉的，甚至在某些情况下连许多使用者也无法去说明为什么会对某种环境景观情有独钟。

理性思维贯穿在人们对景观的心理感知过程中，通过理性思维过程就能做出对景观的评价，并且这种评价是由视觉做出的。因此，心理上的感知是人性化景观感知过程中的非常重要的一环。思维按形式可分为推理和联想两部分。由已知的前提推出未知的判断就是推理，人们可以根据以前的生活经验由整体推理出局部，反过来，也可以由局部推知大概的整体雏形。由眼前的事物触发而想起其他相关事物的心理过程就是联想。对景观的感知过程正是景观与人相统一的过程，不论是海洋、竹林还是花香、竹影，都会引起人的思绪变迁。在环境景观设计中，一方面要做到让人触景生情、以景感人，另一方面还要创造出一种美的境界，升华为感情，从而满足人们的精神文化层次方面的需要。

（二）安全保护功能

环境景观设计要保护不可再生资源和自然遗产，除非万不得已，否则不应予以使用。在诸如公园与旅游区等这样大规模的交流空间的设计中，珍贵自然景观和生态系统的保护显得尤为重要，例如湿地的保护（图 2-2），天然林地的保护，要尽可能地减少土地、水、能源生物资源的使用，提高资源使用率。环境景观设计中如果合理地利用了自然，如光、风、水等，那么就能在很大程度上节约资源，如尽量利用废弃的工地和材料，包括砖石、植被、土壤等，可以大大提高资源的利用效率。

图 2-2

二、环境景观设计的价值

环境景观设计既然是人在自然景观的基础上结合人文景观设计、创建出来的，那么它在建造过程中就必然包含一定的价值，这样的价值包括生态价值、文化价值和审美价值。

（一）生态价值

1. 环境景观设计生态价值的必要性

环境景观设计要成为构建协调的人与自然的和谐关系的学科，就必须更加重视自己的价值导向问题。我们必须摒弃那种把环境景观设计当作一门娱乐消遣的学科艺术的看法。数千年以来，我们的祖先不断地与自然界较量与妥协，从而获得生存下来的机会，这样便诞生了环境景观设计这门艺术，它不仅是一门生存的艺术，而且更加生动地反映了自然与人的相互作用与联系。是什么培养了人们的文化归属感和与土地的精神联系？是技术、知识，还有人地之间的可信关系。它们还使人们得以生存并且具有意义。环境景观设计学的核心就是有关于生存的知识和技术。然而，长期以来，这门关于生存的艺术，在中国甚至世界上，却被上层文化中的所谓造园艺术所掩盖了。其实，造园艺术是片面的，很多甚至都是虚假的，虽然它也在一定程度上反映了人地关系。

以前，环境景观设计学科一个致命的弱点就是学科定位，原因在于它仍旧把自己当作一种造园术的延续。环境景观设计来源于人们对各种环境的适应，是人们世世代代在谋生的过程中积攒下来的生存艺术之结晶，这些结晶来自于寻觅远离洪水猛兽的过程，来自于丈量土地、种植、造田、灌溉和储备资源从而获得可持续生存和发展的不断实践。环境景观设计学应该致力于的领域是人类生存环境的改善，应该是如何回归自然，在生存与生态和可持续发展之间取得平衡。

2. 环境景观设计生态价值的内涵

环境景观设计是一门对人类使用户外空间及土地问题的分析、提出解决问题的方法以及监督这一解决方法的实施过程，而环境景观设计的原则就是帮助人类使建筑物、社区、城市，人和人类生存的环境和谐相处。可以说，环境景观设计的本质就是对土地和户外空间的生态价值的研究，环境景观设计学的核心就是生态价值。

生态价值要求环境景观设计中的任何环节都要与自然界的生态过程相协调，尽可能使设计对自然生态环境的破坏达到最小。这种协调要求环境景观设计要尊重各种生物物种的多样性，不仅是动物，更包括植物。它还要求环境景观设计减少对资源的剥夺，要保持环境与人的可持续发展，保证植物的生存环境和动物栖息地的质量。

（二）文化价值

1. 不同文化背景下环境景观设计观念的演变

欧洲、北美、日本在环境景观设计领域从 20 世纪 30 年代末就已经开始了持续不断的相互交流和融会贯通。环境景观设计在这些地区受到各种艺术和建筑流派的影响。在这个文化范围里，起到推动作用、产生巨大作用的是那些著名的艺术家和设计师。这些不同的风格联合起来，产生了综合效应，环境景观设计便从这些多种多样的风格中获取创作灵感。

当代建筑、艺术、电影等诸多领域都是环境景观设计获取灵感的来源。尽管 20 世纪末的环境景观设计风格多样，但它们也是有共同特征的。第一，当代环境景观设计师们不仅从现代派的艺术和建筑中吸取灵感来构思环境景观的空间，同时又将雕刻的方法运用到环境景观的设计中。第二，现代环境景观不再因袭传统的单轴设计法，而是更多地利用立体派艺术家不对称、对角线和多轴的空间设计理念来建造环境景观。第三，对比国际建筑风格中的直线图形和几何结构，并且将之放在当代环境景观设计中加以运用。虽然如此，传统的空间模式并未被全盘否定，比如西方经典的建筑模式——伊斯兰景观就可以与 20 世纪的极简式建筑相结合，使住宅和景观融汇成为一体。

2. 环境景观设计中的不同文化特性

环境景观设计是一门要体现时代的意义和价值的学科，同时又是融科学、文化、自然和社会与艺术为一体的一门学科。环境景观设计的文化价值将客观的物质世界和主观的人类精神世界联系了起来，成为二者之间的紧密联系的纽带。历经一百多年的发展，环境景观设计现在更加注重自然与人的协调，而文化就是二者之间协调的纽带。文化随着人类的产生而产生，人类则把相关文化烙印到了环境景观上。环境景观设计是人类文化在地球表面上的印记，可以说环境景观是经过乔装打扮的另一种形态的人类文化。由于人们所处的地域范围不同，使得人们所处的文化环境也就不同，这种不同的文化会十分鲜明地反映在环境景观之上。国内和国外便有不同的人文景观类型。生存在不同文化环境中的人们的思想观念、价值取向都有很大的差异，因而导致了各地不同的人文景观。

环境景观不是死板的物质或机器，环境景观要能够鼓舞人，要使人有归属感，要能带给人家的感觉。例如，一些伊斯兰风格的环境景观就非常具有地域文化特征。

（三）审美价值

1. 景观设计的美学价值

环境景观设计属于一种广义的造型艺术，偏重外观造型美的构建，并且由这种外观的造型美构成一种独特的意境，引起人的无限遐想。未经人类改造的自然是没有直线的，但现在我们看到的空间环境中的面多是平整的，形成的多是棋盘式的平、立面网络，和笔直的线条，这种情况体现了人对自然的征服，而曲线型的景观设计所体现的是人与自然的亲和。环境景观设计中的曲折小路（图 2-3）、蛇形河流以及各种曲线形的建筑，主要就是由所谓的蛇形线和波浪线组成的。物体最美的就是它的外形所展现出的线条，它引领着我们的眼睛进行一种变化无常的游戏式的追逐，使我们的身心感受到深深的愉悦。曲线之所以能使人产生美感，还在于它具有水一样的流动性，使人产生一种自由自在的感觉，更加符合人们心理上的节奏感。环境景观设计采用房檐式的曲折和房面翘起，形成像鸟翼一样飘逸舒展的檐角（图 2-4），屋顶各部分的优美曲线，流利而生动，自在而轻巧，呈现出一种无可取代的动态美。不仅如此，有的屋脊上还匍匐着巨大的雕龙，龙的身体各处如头、身、尾、爪都是曲线形的，就好像在游动飞腾。环境景观设计中高低起伏的波形廊和爬山廊，蜿蜒无穷，造型轻灵，如巨龙卧野，又如长虹卧堤。

景观设计五彩缤纷、千姿百态的拱桥（图 2-5），矫健秀丽，圆拱如虹，有凌空飞架之感；廊桥则势若飞虹落水，水波荡漾之时，桥影漂荡，虚实相生。公园中常见的三曲、五曲、九曲梁式石桥，蜿蜒在水面上，能带给人以美感。首先，桥和水面相平，人行其上，就如武侠小说中的凌波微步，尽得水的意趣。其次，人们可以不断改换视线方向，移步即换景，从而扩大了人的视线范围，令人流连忘返。再次，桥身低至水面，四周假山亭台相映成趣，形成鲜明的对比。最后，有的桥曲无柱无栏，极尽自然质朴之趣，意趣横生。以上的这些效果都是因为桥体自身的造型所取得的。

图 2-3

图 2-4

图 2-5

2. 环境景观美学的核心

意境美是景观艺术力量、美感的根本所在。它既是人们创造、解释和欣赏艺术的标准，更是景观艺术在世界艺术的殿堂中确立自身的地位与价值的独特之处。现在有一种占主导地位的、流行的观点，即认为环境景观艺术境界就是"情"与"景"的交融，用现代哲学理论的表述方式就是主观与客观的统一。思想的不断传承，使得这一观点自然地影响到现代环境景观设计理论。景中含情，情具象而为景，情景交融，情景不分，因此出现了一个独特的宇宙。主观生命的精神与客观自然景象的交融相互渗透是通过崭新的意象来得到表现的。构造意境，就是将环境景观化实景而为虚境，创形象以为象征，这是人类心灵最高的肉身化和具体化。环境景观艺术的二元就是虚和实，正所谓情与景的统一就是虚与实的统一；意境的创建就是以虚代实、以实代虚，实中有虚、虚中有实。由此深化下去，虚实相生，虚实统一，其实就是形象与想象的高度统一；离想象无以存形，去形则无以存想象，只有虚实统一，才能描摹出心灵的深度境界而探入物体的灵魂深处，从而直探生命的本质。

环境景观设计的实践方面所涉及环境景观艺术尽管时时处处流露着人们十分强烈的道德情绪，但就艺术意境创建的纯粹而言，其实采取的是虚实相生、二元统一的意境表现方法。环境景观设计一贯采用的方法就是通过形散神不散的意象和意境来把握对象的生命深层的本质。儒家和道家都发现宇宙的深处是无形无色的虚空,都强调虚实结合的宇宙本质,但是儒家和道家却发现这虚空又是万物的根源,是万物的源泉,同时也是万物的根本和一种生生不已的创造力。环境景观设计作为一种生命精神的表现方式,肯定要表现人们这种对于世界虚实相生的哲学体会和领悟了。除此之外,意境的创建既然在总体上是二元的统一,那么这种统一肯定要表现互相包容、渗透的关系。也只有这样,意境的表现才能完成,意境美才能得以诞生,从而使得精神构成的二元真正成为艺术境界的二元。

第二节　环境景观设计的程序与表达技法

一、环境景观设计的程序

环境景观设计是一项系统而复杂的工程。简单来说就是设计者根据业主的要求及当地的实际情况,用设计说明及图纸将景观设想表达出来,然后由施工人员按照设计者的表达把景观建造出来。这一过程一般是一个由浅入深、由粗到细、不断完善的过程。设计者需要进行充分的考察、了解与分析,以此制定出合理的方案。归纳而言,环境景观设计的程序主要分为以下五个阶段。

(一)任务书阶段

在这一阶段,环境景观设计者主要进行设计前的一些准备工作。当然,工作的重心是确定设计任务书,进行可行性研究。具体来说,设计者需要进行以下一些方面的工作。

第一,充分了解设计委托方的具体要求、设计所要求的造价和时间期限等内容。在整个设计过程中，这些内容可谓是根本的依据。设计者只有根据这些内容才能区分出值得深入细致的调查、分析的内容和只需进行一般了解的内容。

第二，充分了解和掌握所要建造景观的外部条件和客观情况，包括自然条件（如气候、地形、地质、自然环境等）、城市规划对环境景观的要求、使用者对环境景观设计的要求、资金、材料、施工技术和装备等，以及其他可能影响工程的客观因素。

第三，明确任务书，制定具体合理的工作计划。

需要注意的是，在任务书阶段，设计者常用的基本是以文字说明为主的文件。

（二）基地调查和分析阶段

在了解了相关情况、确定了任务书之后，设计者就应该进行基地调查，通过调查来收集与基地有关的资料，并对整个基地及环境状况进行综合分析。在基地调查和分析阶段，设计者的具体工作可分为以下三个方面。

1. 基地调查

设计者对基地进行调查，一般分为以下两步进行。

（1）收集与基地有关的资料

这里的资料既有技术方面的资料又有人文方面的资料。技术方面的资料包括基地的现状图、地形图、管网图、气象资料、水利资料等。图 2-6 就是一个详细的基地现状图。

人文资料方面包括基地本身所具有的历史和文化。一般来说，基地历史和文化有多种形式和内容，如有的场地是独具特色的风景名胜，有的场地具有著名的历史文物，有的场地则有独特的风俗等。

（2）实地勘察与测量

设计者亲自到基地进行勘察与测量有两个方面的重要作用。第一，可以进一步核对、补充所收集的图纸资料。第二，可以根据周围环境条件进行艺术构思。

为了更好地给总体设计提供参考，设计者在现场勘察与测量时，可拍摄一定的环境现状照片。

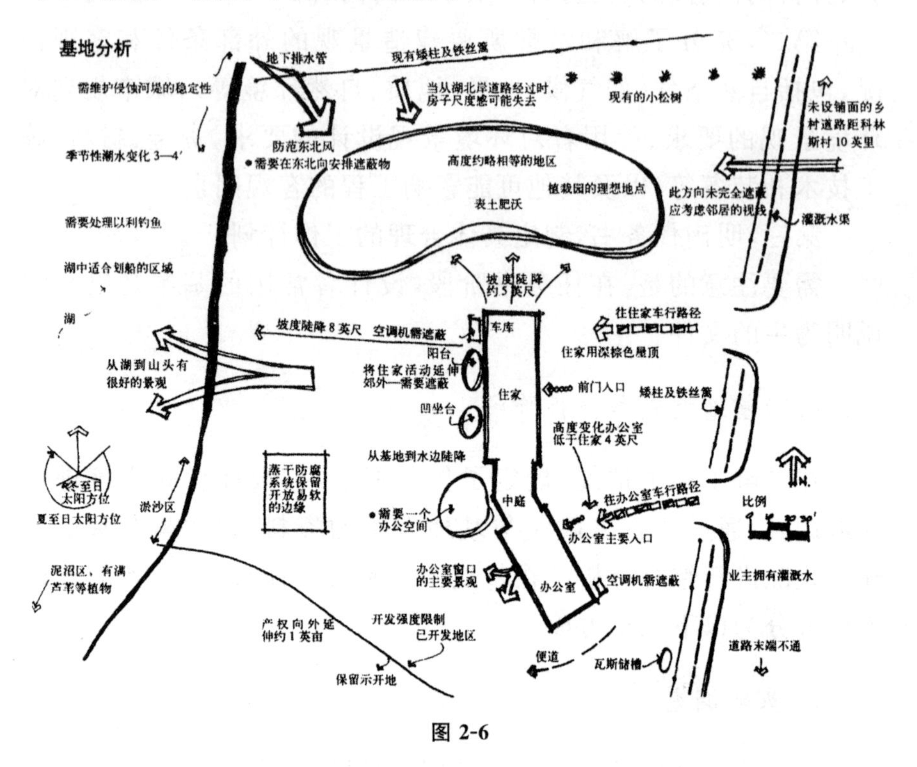

图 2-6

2. 基地分析

所谓基地分析，即设计者在实地调查的基础上，对基地及其环境诸要素进行综合分析与评价。进行这一工作有助于充分发挥基地的潜力。一般来说，基地分析主要包括环境分析和人文分析两方面内容。

(1)环境分析

设计者明确了规划设计的范围后，应当对场地环境中的各要素进行详细分析。这主要包括以下几项分析内容。

第一，分析场地中存在的用地状况、道路、建筑物、植物以及其他有价值的景观元素，分析与景观设计有着密切关系的建筑、小品等元素特征。

第二，分析场地的自然特征，包括地形、地势、岩石及周边的环境关系。

第三，分析特定环境色彩、形态及材质等。

(2)人文分析

环境分析固然重要，人文分析也不可忽视。一般来说，人文分析主要包括以下几个方面的内容。

第一，分析基地所具有的文化、历史特征。

第二，分析基地附近人们的生活、习惯等。

第三，分析项目所针对的主要目标人群的年龄、兴趣、爱好等。

第四，分析同类项目的人群活动特征、休闲方式等。

第五，分析基地气候等外部条件对目标人群的影响。

3. 编制总体设计任务文件

在进行了基地分析后，设计者就可以根据所获得的资料，研究确定出总体设计原则和目标，编制出有关设计要求和说明的文件。

需要注意的是，设计者要将收集来的资料和分析的结果尽量用图面、表格、图解、图片的方式表示。例如，用基地资料图记录调查的内容；用基地分析图表示分析的结果；用图片表现基地的历史人文、民风民俗等。图面、表格、图解常用徒手线条勾绘，应当简洁、醒目、能说明问题。

(三)方案设计阶段

基地调查和分析完成后，整个环境景观设计就进入了方案设计阶段。一般情况下，如果基地规模较大及功能复杂时，应先进行整个项目的片地规划或布置，然后再分区分块进行各局部景区或景点的方案设计；如果基地规模较小，所安排的内容较少时，则可以直接进行方案设计。

在方案设计阶段，设计者需要进行的工作内容主要有以下三方面。

1. 方案构思

在确定总体的方案前，构思是不可缺少的一个环节。设计者进行方案构思，需要充分考虑以下两点。

第一，满足景观的使用功能，充分为地块的使用者创造、安排出满意的空间场所。

第二，不破坏当地的生态环境，尽量避免或减少项目实施对周围生态环境的干扰。

2. 方案选择与确定

设计者在提出一些方案构思和设想后，应充分结合任务书所要求的内容和基地及环境条件，权衡利弊确定出一个科学有效的方案，并进行初步的完善。设计者也可以先设计出几个方案，然后将几个方案的优点集中到一个方案中，形成一个具有综合特征的方案。

3. 方案完成

总体方案的完成由两部分组成，即总体规划图纸和一份说明书。

总体方案设计要完成的图纸主要是功能关系图、功能分析图、方案构思图和各类规划及总平面图。平面图属于设计方案的中心内容，需要表示的内容较多。绘制的平面图不仅要能够清晰表达出景观设计的整体布局，还要能够准确表达出一些设计的细节部分。平面图中应当有详细尺寸、景观物体的具体位置布局、轮廓线的变化、图示符号、比例等。

说明书主要包括设计者的构思、设计要点等内容，具体则主要指以下一些方面：位置、现状、面积；工程性质、设计原则；功能分区；山体地形、空间围合，湖池、堤岛水系网络，出入口、道路系统、建筑布局、种植规划、园林小品等；管线、电信规划说明；管理机构;工程总匡算等。

在设计图纸时,设计者一般都会先进行草图设计。这是指设计者根据现有的信息,用拷贝纸把地形图拷贝下来,通过拷贝纸进行反复推敲和调整,最终确定初步的方案。如此看来,草图设计的过程其实是设计者把理性分析和感性的审美意识转化为具体的设计内容的过程。如果业主特别要求,设计还需要提供手绘的速写表现图、电脑效果图等。

(四)详细设计阶段

完成方案设计后,设计者就需要与委托方进行商议,然后根据商议结果修改和调整方案,并对确定的整个方案进行各方面详细的设计。

在详细设计阶段,设计者除了深化和细化平面图之外,还要设计出大部分立面图、剖面图、透视图、表现整体设计的鸟瞰图等。设计者在详细设计上述内容时,应注意与各种工程师进行协商,共同探讨各种方式方法及存在的问题等。完成详细设计方案后,设计者要将文件交与业主进行磋商,取得认同后再进入施工图阶段。

在景观设计方案中,立面图也是非常重要的一个内容。立面图要对竖向构成的内容加以说明,还要把水域、景观设施、雕塑小品的位置、主要构件的种类、装修范围、重要设施等竖向的空间关系明确地表示出来,如图 2-7 所示。

(五)施工图绘制阶段

要想将设计与施工连接起来,设计者还必须绘制施工图。因此,环境景观设计的最后一个步骤就是施工图绘制。在这一阶段,设计者需要根据之前所设计的方案以及各工种的要求分别绘制出能具体、准确地指导施工的各种图纸。环境景观施工图主要分为下列三大类。

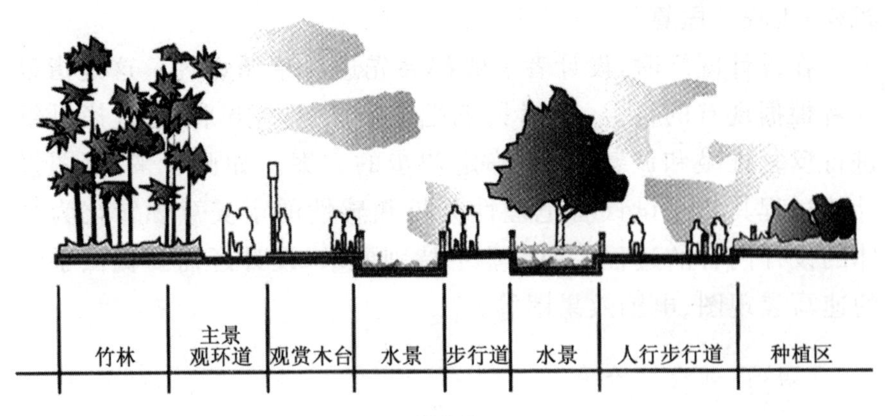

图 2-7

第一,水电施工图。其主要包含施工图说明、系统图、主材表、水电平面图等。

第二,环境施工图。其主要包括总平面图、分段平面图、分段定位图、大样图、节点图等。

第三,植物施工图。其主要包括乔木施工图和灌木施工图两大类。

施工总平面图不仅是施工的依据,还是绘制平面施工图的依据。施工总平面图图纸包括以下一些内容:保留的现有地下管线(红色线表示)、建筑物、构筑物、主要现场树木等(用细线表示);设计的地形等高线(细墨虚线表示)、高程数字、山石和水体(用粗墨线外加细线表示)、园林建筑和构筑物的位置(用黑线表示)、道路广场、园灯、园椅、果皮箱等(用中粗黑线表示)放线坐标网;做出的工程序号、透视线等。

设计者所绘制的施工图应能清楚、准确地表示出各项设计内容的尺寸、位置、形状、材料、种类、数量、色彩以及构造和结构等。

二、环境景观设计表达技法

环境景观设计表达,是指设计者通过电脑或手绘效果图、影视等媒介手段,使自己的设计构思以视觉形象效果表达出来。环境景观设计表达主要由设计表现图来实现。

设计表现图是传递设计者设计意图、设计理念、设计思想的媒介，是设计者与委托方进行交流的重要表达形式，也是设计成品的展示。因此，设计表现图的制作是设计者的一门必修课程。

景观设计表现图与一般的绘画不同，它是绘画艺术中的一种独特表达形式，需要以工程设计数据为依据，进行准确、翔实的绘制。优秀的景观设计表现图不仅凝聚着设计者的高超设计手段，还具有较强的艺术感染力。

在绘制设计表现图时，设计者不仅要掌握景观设计表达的基础技法，还应当掌握景观设计表达的一些特殊技法。

（一）景观设计表达基础技法

1. 常用绘图工具

设计者手工绘制图纸时，常用的绘图工具有比例尺、曲线尺、丁字尺、槽尺、三角板、曲线板、圆规、铅笔、彩色铅笔、碳素笔、针管笔、直线笔、马克笔、水彩笔、毛笔、喷笔、绘图纸等。

2. 裱纸方法

景观设计表现图的图纸一般纹理细致、吸水性强。一旦纸面遇湿会凹凸不平，影响设计者的绘图效果。因此，表现图的图纸在绘制前要裱贴在图板上。裱纸的方法主要有下列两种。

(1)用大号毛笔蘸水将图纸背面刷水，在纸的四周边缘涂上浆糊，在图板相应的位置拉撑和固定图纸。

(2)用胶面纸带代替浆糊来裱纸。

3. 槽尺技法

在直尺上开出 4mm 宽的凹槽，就可以变为槽尺。在绘制图纸时，应当注意槽尺的用法。首先，一只手像拿筷子一样同时握住两支笔，一支为毛笔，另一支可为铅笔。其次，一只手按住槽尺，另一只拿着笔的手沿着凹槽，两支笔同时由左向右移动，画出需要的色彩线条。

4．渲染方法

在绘制景观设计表现图时，通常需要进行渲染。普通的渲染方法主要有以下几种。

（1）平涂法。这种方法可以表现一个受光均匀的平面。

（2）退晕法。这种方法是指调出两色，两色自然衰减达到退晕的效果。利用该方法可以表现受光强度不均匀的平面，如墙面的光影变化。

（3）笔触法。这种方法是指运用含水较多的颜色，使用小板刷在图面上有方向性地用力刷涂，产生一种比较特别的效果，如本纹效果。

在表现图中，有时还需要进行局部刻画。要想保持局部与整体色调的统一，还应当注意一些局部渲染的技法。例如，表现地砖面时，可以在墙面部位平涂或退晕上底色后，画出横、竖方向的砖缝，使用槽尺画出方砖的高光部，然后挑少量的砖块做一些明暗变化，丰富画面的效果。再如，表现玻璃门窗时，可先渲染底色，再做玻璃上的光影变化，画出门窗框，最后做门窗框的阴影。

5．钢笔线条技法

钢笔线条技法是指通过直线、曲线、点或其他形式的组合或叠加，来表现景观透视图的光影变化。一般来说，要想造成由明到暗的效果，应当在线条的疏密上下功夫；要想表现不同材料的质感，应当注意选择不同线条、变化不同的方向和组合方式。

（二）景观设计表达特殊技法

1．水粉渲染技法

水粉画的颜色丰富，具有较高的可修改性和较强的表现力。

设计者可通过水粉画更深入地刻画事物、景观空间气氛、材料质感、光与影的变化等。

用水粉渲染画面的时候,应先画深色,后画浅色。这是因为水粉含粉量较大,深色的部分如果不提前处理,掺入白色就会显得没有分量感。水粉渲染选择表面易吸水、有细微纹理的纸,如水粉纸。

(1)水粉渲染技法的类型

水粉渲染技法主要分为薄画法和厚画法。

①薄画法

薄画法也被称为湿画法,主要是指在颜料中加入稍多的水,在第一遍水粉颜料快干时,继续画第二遍和第三遍。这种渲染技法适宜刻画植物、墙面、地面等。在使用这种技法时,关键要掌握好水分的问题。这直接影响着画面效果,水分掌握得好的会使画面明净、透亮;反之,画面就会显得轻飘。

②厚画法

厚画法要求设计者用色大胆肯定,颜色要有较高的饱和度,画出的画要能给人厚重感和形体感。这种技法的使用需要谨慎,因为一旦技法不熟练,会使画面变得呆板。

设计者在熟练掌握两种技法的情况下,完全可以充分结合两种方法进行绘画。

(2)水粉渲染的主要步骤

第一,确定画面的整体色调和各个物体的底色。

第二,渲染物体的光影,区分空间层次,并塑造出物体的体积感。

第三,深入刻画画面的空间层次、形体体积、材料质感、光影的变化等。

第四,画出点缀景致,如植物。点缀物的色彩要简洁,要一次成型。

2. 水彩渲染技法

设计者使用水彩渲染画面,首先需要足够的水彩画颜料或透明水色。这样才能渲染出透明度较大、画面清新的图画。

水彩渲染的基本技法是叠加,即通过颜色的层层叠加,使画面中的事物在层次和色调方面富有变化。一般来说,水彩的颜色叠加的次数越少,则透明度越大,色彩感觉也越好。掌握好水彩渲染技法,设计者需要注意以下几个方面。

(1)绘制必要工具为大、中、小号水彩笔或毛笔,根据实际情况使用。

(2)水彩渲染应尽量选择表面光滑不吸水的图纸。图纸要裱贴在图板上进行渲染。

(3)水彩渲染的整体渲染的用笔以水平运笔为主,小面积渲染则用垂直运笔法;退晕渲染,色调要和谐。

(4)水彩渲染图的绘制,用笔要简练,不宜过碎,尽可能一气呵成。

(5)要充分掌握好水分。

水彩渲染的步骤与水粉渲染非常相似,这里就不再进行具体说明。

3. 钢笔淡彩表现法

钢笔淡彩表现法,是指用钢笔、绘图针管笔、签字笔和蘸水笔勾勒、刻画出空间的轮廓,并以透明性较强的色彩,如水彩色或照相透明水色着色描绘的一种快速技法。[①] 设计者在绘制景观设计表现图时,必须熟练掌握这一技法。

在钢笔淡彩表现法中运用的透明水色(彩色墨水)是一种直接用水来调节色彩深浅、浓淡、鲜亮程度的颜色。它透明、鲜艳、颗粒细腻、附着力强,能精密、细致地表现各种物体的质感,因此被认为是淡彩画法最理想的用色,可以很好地表现草图和效果图。

(1)钢笔淡彩表现法的注意事项

第一,由于透明水色的遮盖力较弱,因此在表现物体的层次

① 苑军:《景观设计》,沈阳:辽宁科学技术出版社,2009 年,第 97 页。

时需要进行多次的渲染，并且在每次的渲染过程中都需要等前一次渲染的颜色干后再进行，以免色层之间相互渗透使色彩不明晰，减弱画面的透明和轻快感。

第二，图纸最好选用质地结实、纹理较细而又不过分光滑，有一定吸水性，上色后不会晕开的纸，如绘图纸、水彩纸、白卡纸等。

第三，着底色在钢笔淡彩表现法中是一个关键的内容。设计者在着底色时需要注意以下几点：一是用大号的平头笔或底纹笔调试水彩色或透明水色涂饰背景；二是色彩不宜过厚，水分不宜过多；三是运笔方向可按照空间的具体形态及结构来确定，下笔要快、准，有力度；四是要尽量留出产品的高光（空白部分），突出笔触的清晰、明确、通透特点。

（2）钢笔淡彩表现法的主要操作步骤

第一，用钢笔或针管笔（0.3～0.5mm）在描好的铅笔正稿上勾勒、刻画出景观空间的主要轮廓和结构线。用笔要肯定、流畅，要把握好线条的轻重、粗细和虚实，把握好物体的空间和主次。

第二，以底色调为基调，用毛笔和平头的水彩笔渲染物体，增加物体的中间层次和暗部，增加物体的立体感。

第三，刻画物体的细部，从而更充分地表现物体。此外，还应当加强暗部与高光部的刻画，以调整画面的整体关系。

4. 喷绘表现法

喷绘表现法是一种基本的、较传统的表现技法。喷笔是基于虹吸压力吹喷技术原理而设计，笔上配有更精密、完善的设计元件，可以自由调节液体的浓度。它虽然传统，却具有其他表达技法不可替代的优点。

（1）喷绘表现法的优点

第一，色彩均衡鲜亮、平整、无笔触，因而可以超写实地表现物象，达到以假乱真的画面效果。

第二，这种技法所表现的物象更自然、生动。

第三，可以任意推移变换色彩明度，产生亚光效果，易制板，便于修改。

第四，喷样是由无数细小颜色的颗粒组成的覆盖面。每点颗粒都是以饱和的状态雾化喷洒在画面上，在雾化的瞬间，颜色的水分迅速蒸发，喷在画面上的颜色几乎是即干状态。

(2)喷绘表现法的主要操作步骤

第一，分析透视底稿和色彩关系。从亮部到暗部，从深色到浅色。

第二，考虑喷绘顺序以及刻模板。

第三，喷绘(运用叠色)。在喷绘过程中，要懂得如何虚喷、细腻地喷绘等。虚喷时要求模板离开纸面一定距离；细腻地喷绘时需要注意打底、喷过接色、反复、颜料厚薄适当等。此外，设计者还应当加强中间调色彩层次，塑造暗部。

喷绘表现法虽然有很多优点，但也有其局限性，即绘制过程和操作过程复杂，绘制时间长。

5. 电脑表现图技法

随着科学技术在社会各个领域的应用，计算机也成为环境景观设计中的一个重要使用工具。在景观设计表达技法中，电脑表现图技法主要有电脑三维表现图和动画虚拟漫游两种。这种技法常用的软件是 AutoCAD、3dsmax、LS、Lightscape、Photoshop、Insight、MR 等。

其中，Insight 和 MR 是由第三方开发的渲染引擎，速度很快，效果介于 3D 与 Lightscape 之间；Photoshop 的后期制作则可以让表现图更加精彩和引人入胜。当前，景观设计者制作效果图的首选工具软件是 3DS Max。

使用电脑表现图技法绘制表现图，设计者不仅要有熟练的软件运用技术，还应当注意以下几个方面。

(1)丰富自己的景观设计专业知识

与艺术绘画不同，设计者在绘制景观效果图时不仅要追求艺术性、美观性，还要注意一些景观设计行业的特殊要求。因此，设计者必须系统地学习景观设计专业知识。此外，还应当经常与工程师甚至是一线施工人员进行沟通，以丰富自己的专业知识，加强绘制景观效果图的科学性、严谨性。

（2）注重作图前的整体规划

设计者在绘制效果图前应先做好规划。规划的内容主要包括整个工程所需要的场景；每个场景所包含的元素；需要建模的元素是什么；可以在素材库或光盘中找到的元素是哪些；整体的颜色如何搭配；材质如何选择等。

（3）突出重点

在电脑制图中，把场景建立起来之后，应先加上一部临时相机，挑选好出图视角。对于那些不可视的面，就无需太费工夫；对于那些较远的物体，建模时也不必太考虑细节，有个形状和颜色就可以了。这样能够省去不少建模和赋予材质的工作量，使设计者将时间用在重点部位的设计上。

（4）单独个体建模

一般情况下，一个简单的景观装饰效果图也由近万个面构成，加上灯光材质贴图，每次渲染下来对电脑的 CPU、内存、显卡都是一次满负荷的考验。因此，不建议设计者在总场景中建模。设计者最好在独立的场景中为不同的物体建模，然后再用 Merge（合并）命令将不同的子场景进行合并，从而合理地利用计算机资源，提高作图效率。

（5）注意场景内物体的名称命名

为物体命名是作图中的一个重要事项。如果不进行命名，那么当合并不同子场景时，就会出现诸如 box01、box02、box03 等。这会使设计者根本分不清哪一个几何元素属于哪个物体。正确的做法是，设计者在每完成一个物体的建模后，就及时对相关元素进行命名。

（6）建立自己的模型材质库

虽然市面上有许多材质光盘供设计者使用，但是设计者还是应当建立自己的模型材质库。因为那些光盘不管是正版还是盗版，光盘作者大多不是很懂建筑和装饰，因而常会看到这样的命名方法：大理石01，大理石02……木纹01，木纹02……其实，职业设计师的材质库里常常是这样命名的：印度红大理石01，蒙古黑大理石02……胡桃木纹，红榉木纹，花樟木纹……这样的命名必然方便设计者的使用。具体来说，设计者可先将自己拥有的材质盘全部拷到硬盘上，删除重复材质，再按用途或类别进行分类命名，经过长期的积累，必然会形成一个自己的材质模型库。

第三节　环境景观设计的材质与色彩

一、环境景观设计的材质

（一）材料的性能

1. 砖材

砖材的材质较重，硬度较大，同时安装的费用也较高，但是它具有美观、大方等特点，这样就为景观设计提供了较大的材料选择的空间。它是由黏土、水泥、水和其他材料混合而制成的，然后再用专用的模具加工成实心或中空的方形砖，再经过灼烧便最终成型了。砖材的颜色一般为红色，但这主要取决于黏土使用的色彩。建筑用的砖材规格一般长为20cm，宽为10cm，厚为5cm。砖材适合用于建造室外景观墙壁、拱形顶。为了更好地延长砖材的寿命，可以在砖材的表面用一些密封材料做点处理，如聚亚安酯等。

2. 瓷砖

白色的、质量好的黏土在高温下会塑造成光滑的瓷砖，其表面非常有光泽，并用贴花釉法来装饰。有一些镶嵌用的图案小的瓷砖的尺寸规格可按要求定制，并用水泥浆在墙的表面安装，可以作为永久的装饰。瓷砖的规格具有多样化的特点，可选择性多。但是瓷砖的特性是易碎且硬度强，在运输和使用的过程中要考虑到这一点，适合景观等空间的使用。

3. 方砖

方砖由页岩灰和黏土混合制成的，颜色为赤土色，黏土的天然颜色。方形和六边形方砖是传统的形状。其用途很广泛，与瓷砖的用法类似，适合用于景观设计铺装。

4. 玻璃制品和金属材料

(1)玻璃方砖

砖状的玻璃制品，有实心与空心之分，可以用作楼板或墙壁之用，有良好的透光、隔热、隔声性能。把披挤压的半透明、透明玻璃对半搭接，并熔合在一起。这样的玻璃砖能提供一个光线的传播和漫射，也有很好的隔声效果。设计师可以在玻璃砖的单面或者双面进行图案的装饰。在环境景观的设计中，它的使用可以建立一个私密性很强的独立空间，如顶棚、隔断墙的使用，同时也可以利用玻璃方砖背后的光源使得内部空间拥有明亮的漫射光线。虽然如此，玻璃方砖却不能用作建筑物的承重墙。一般规格长为22cm，宽为22cm，厚为9cm。纤维状的玻璃方砖可以控制炫目的光线，使光线柔和而不刺目，也可以阻挡过多的热量；实心的玻璃方砖可以安装墙体，具备很好的防破损功能。玻璃钢是一种玻璃纤维或玻璃纤维织品与合成树脂制成的材料，具有耐腐蚀、不导电、坚硬、质量轻等特点。玻璃钢的用途非常广泛，例如室内的浴盆、墙板、浴室周围的防水板等。波浪状的玻璃钢适宜用于屋顶遮阳防水。

(2)建筑用玻璃制品

建筑用玻璃制品是指天然水晶石之类，它们有各种不同的颜色。现在通常指的是一种人工制造的质地脆而硬的透明物体。玻璃是由石英砂、石灰、碳酸钾、金属氧化物等原材料经过高温加工而成的，颜色可以是透明的，也可以是彩色的，它有透明和半透明的两种，能控制光线，使室内光线柔和而不炫目，常用于窗户、玻璃幕墙、单反玻璃幕墙、室内办公室隔断墙、隔断等。异型的玻璃则需要特殊的加工，如有一定弧度的玻璃要用于热带植物棚或拱形天窗，则需要加工增加其韧度以便于安装。玻璃制品保持低的紫外线辐射，可以保证人们的身体健康，适合做一些景观设施的材料。

(3)金属材料

金属材料主要包括青铜、铜、铝合金、不锈钢材黄铜制品、锡等，它们具有极好的耐用性和可塑性，并且可以随意用做多种形式。铜板、铝板和不锈钢板材能够按照需要被切割，应用在相应的装饰区。在环境景观设计中，不锈钢材的应用极为广泛，不锈钢材的表面明亮如镜，易清洁、不易腐蚀，同时装饰感强，例如中厅的圆柱子的包装装饰。铝合金的应用同样十分广泛，铝合金可以制成板材，同时也可以压制成各种断面的型材。铝合金耐腐蚀性强，同时表面光滑平整。

5. *装修石材*

(1)琢石

石材被切割成长条形的即为琢石，用水泥浆把整块石镶嵌在景观墙面上，形成各种各样十分丰富多彩的几何形图案效果。

(2)鹅卵石

鹅卵石形状呈圆形，表面非常光滑，镶嵌在滨水周围或墙壁上，从而起到点缀景观的作用。再有，鹅卵石与混凝土混合并制成极为粗糙和粒状的表面效果也非常好，人走在上面可以按摩脚底，对身体非常好。在混凝土还没有干的时候，对鹅卵石的表面进行冲洗，可以使鹅卵石露出，从而达到预期的效果。

(3)大理石

大理石是由石灰岩或白云岩经过化学变化而来的一种变质岩，经常有不规则的杂质和色块，专门用于雕塑和建筑，其特征是光滑或冰冷，并且非常坚硬。其颜色通常为白色，也有其他颜色，其表面有不规则的装饰和条纹。经过加工的大理石，会变成大理石板材。因其价格有些昂贵，在设计中多应用于小品的装饰。

(4)花岗石

花岗石是一种常见的、晶粒粗糙的浅亮色的坚硬的火成岩，主要由正长石、石英或微斜长石和云母组成，晶粒的尺寸大小决定其表面花纹的变化。花岗石有天然的色彩，经常用于环境景观的纪念碑、建筑物和地面等。

6. 木制品

木制品由木材厂加工和定制，如有浮雕工艺的镶板、装饰踢脚板、线脚、窗框等。这些制品在环境景观设计中主要作为环境景观设施的表面装饰，所用的材料有胶合板、紧密材、硬木材和软木材等。在木制品上面做一些简单的处理，如用丙烯酸、清漆涂表面，使其有防水的功能，还有光泽，并显露出木材的自然风貌。木制品主要有胶合板、镶板板材、纤维板。

(1)胶合板

胶合板饰面薄板，镶板粘在低质材料的基部的薄表层上，如有精细木纹的木板。

(2)镶板板材

镶板板材包括细木工板、刨花板、纤维板胶合板等。

(3)纤维板

纤维板是一种由木屑和植物纤维混合并紧压成坚硬的板状物的建筑材料，纤维板又分硬质、中硬质和软质三种。细木工板的中间是小块木方子，木方子之间有一定间距，满足热胀冷缩的需要，上下两层有夹板。它是制作景观造型的主要板材，适合景观小品的装饰。

7. 装饰涂料

(1)着色剂

着色剂是能渗透表层并着深色的一种液体物质,尤其多用于木材。在室内装饰中,适用于家具、门窗的板材的着色。

(2)溶剂

溶剂溶即解其他物质的物质,一般为液体。可溶解的涂料有醇酸树脂漆、树脂类涂料、油漆、胶粘剂等。

(3)底漆

涂底料油漆之前,涂在某一表面上作准备的底漆或涂料,来增强物体表面的耐久性。

(4)乳胶涂料

乳胶涂料即用胶乳做黏合剂的油漆。乳胶涂料的质量好,耐久性强,其特点是使用方便、干燥快、覆盖性强。乳胶涂料的色彩丰富,保存的条件温度不要低于零度。适宜室外的墙壁、顶棚等大面积的装饰。

此外,还有一种防锈漆,是封底层的一种密封漆,比如用来涂在平面上的油漆或清漆的底层,起到了防腐蚀的作用,适用于金属、木材等。

(5)阻燃涂料

这种涂料在燃烧时分解出阻燃性气体,起到了阻滞防火、防毒烟的作用。一般用于室内的顶棚、梁、柱等地方。

(6)环氧树脂漆

环氧树脂漆是能够形成以耐磨损、强附着力和低收缩率为特征的交叉联结聚合结构的热固树脂中的一种,尤用为金属表面涂料和用于防水层的表面处理。

(7)瓷漆

瓷漆是一种玻璃似的,烧制在金属、玻璃或瓷器上通常不透明的,具有保护性或装饰性的覆盖层,漆膜坚硬而有光。

(8)醇酸树脂漆

醇酸树脂漆即从丙三醇和酞酸酐中提炼出的一种应用范围很广的耐用合成树脂涂料，是一种具有强度高、耐久性、油改性、干燥快的树脂制品，有很好的覆盖性和变色范围。用溶剂或是涂料稀释剂即可刷掉醇酸树脂漆。

(9)丙烯

丙烯是合成树脂的涂料，具有耐久性、快干、无味、耐久性，并且容易使用。肥皂和水就可以去除丙烯。

8. 油地毡

油地毡是一种可洗、耐久的材料，通过加热软木粉和颜料的混合物、松香、亚麻子油压制在粗麻布或帆布底衬上而制成，通常用于铺设环境景观的空间地面。

9. 橡胶材料

橡胶材料是具有不同化学成分的各种富有弹性的合成材料。通常有两种形式:有大理石图案表面和有突起的圆形或方形颗粒的表面。适宜室外游泳池池内的铺用。

10. 乙烯基塑料地砖

乙烯基塑料地砖由稳定剂、着色剂、可塑剂和 PVC 等组成，这种材料表面可模仿石块、砖和石板等材质的效果，适合用于广场空间的地面装饰。

(二)环境景观设计中材料的设计要求

1. 材料的运用要考虑环保因素

随着现代社会物质文明的高度发展，人类赖以生存的环境也日益遭到了破坏，人们的生存环境也越来越恶化，因此强调环保已成为当今时代的一个主题。环境景观在设计过程中应对产品材料进行把控，应尽可能避免使用那些有毒有害的对环保构成威胁的工业材料，切实做到材料环保化、设计生态化。

人类对自然资源，比如煤矿、石油、木材的过度开采，使得自然界受到了严重的损害，大量富含营养的水土流失了，土地沙漠化侵袭越来越严重，气温也受到不同程度的影响，地球变暖便是人类破坏环境的一个鲜明例证。如今地球负荷越来越重，人类的生存环境也愈加变差，所以我们作为当代的人类环境工程师，要尽量在美化环境的同时更加要注重保护环境，使我们的生存的环境天更蓝、水更绿，环境越来越好，越来越美丽。

2. 材料的运用要考虑其特性

环境景观设计中要考虑到材料的工艺性、可塑性和表面质感等特性。根据不同材料的特性去进行外形的设计，只有这样才不至于使设计方案受到材料的限制而不能成型，比如说石质材料大都是通过切割、雕刻、打磨等工艺的方式来完成造型的。

3. 材料的运用要考虑其成本

景观设计要考虑到材料的成本问题，其关键是做到低成本、高质量。在做景观设计的时候可以用原始的低价材料作为主要的材料，局部或一些小设施可以适当用一些高科技的现代材料。同时在设计的时候，还要考虑到材料的尺寸，设计的时候要参照材料的尺寸来进行设计，从而避免材料的浪费。建筑材料的二次运用也是节省材料的一种有效方法，金属材质、塑料材质等都可以二次利用，它们本身都具有可溶性，在高温下可以变形做成新的样式，所以在设计时可以考虑这些二次材料的特性，灵活适当地采用二次材料。材料的二次组织运用也是体现设计特色的一个重要手段。不同的材质有不同的特性，比如木材具有纹理多样、色彩柔和、容易加工的特点；金属坚硬耐磨、耐风蚀、折射性强；塑料色彩多样且坚硬耐磨。这些不同的材质除了其本身的特点外还可以通过不同材质的相互组合，以搭配的方式达到新的目的，装饰在不同的地方。我们在运用材料的时候应尽可能地挖掘材料自身的美学特征和个性属性，美学特征体现于材质的色彩美、材料美、物理美。同时还应关照材质的肌理，表面工艺不同的材料，它们的肌理就不同，不同的肌理给人的感觉也不尽相同。表面粗糙的材料与表面光滑的材料相比，粗糙的体感强，粗壮有力，适用于大设施，而细腻的给人感觉比较精致，适用于小设施。同时材料的选用还要考虑使用者的心理、生理因素，材料所处的环境位置。材料的运用有高光和亚光不同，亚光材料更能体现材料的本色，材料的二次组织运用挖掘出材料自身的潜在语言，体现出丰富的层次。随着科学技术的进步，仿天然材料性能的新材料也为设计师提供了新的素材。

建筑材料的运用要注意内外环境的区别，环境景观设施主要是处于外部环境之中，材料的选用要经得起风吹、日晒、雨打等自然的侵袭，甚至是人为的破坏，最大限度地适应外部环境的需求，如木材，需要进行防火、防腐、防潮的技术处理。所以环境景观设计的材料要有的放矢，从而提高材料的耐久性，降低维修的成本。

二、环境景观设计的色彩

在环境景观设计中，色彩发挥着至关重要的作用。空间的划分、功能的利用、装饰材料和质感的表现等，都与色彩有着密不可分的关系。色彩运用得好与坏直接影响着人的情绪和心境。因此，设计者在进行环境景观设计时，要先考虑色彩，再考虑材料质感和空间形象。

（一）色彩的识别

颜色有很多种，每种颜色都有自身独特的属性。识别颜色时，应从色相、明度、纯度、色性、彩度等不同的属性进行。

（1）色相。色相是由红至黄、绿、蓝排列的色彩的性质，这种排列取决于光的主波长。在孟赛尔色相环里，有十种基本色相，即红(R)、黄(Y)、绿(G)、青(B)、紫(P)、橙红(YR)、黄绿(YG)、青绿(BG)、青紫(BP)、紫红(RR)。其中,后面五种色相为中间色相。这10种色相各分为10个等级,则共有100个色相。在这100个色相中,一半是暖色系,如红色、黄色、橙色等,一半是冷色系,如蓝色、青色等。不同的颜色往往会给人不同的感觉。

(2)明度。明度简单来说就是颜色的亮度,反映的是色彩的明暗变化。不同的颜色具有不同的明度。明度一般被分为三类,即高明度、中间明度和低明度。高明度的色彩给人一种活泼、平易、富丽、清新、凉爽感,如浅色或是亮灰;中间明度的色彩给人一种安静、稳定、自然平和之感,如中性灰色、白色或黑色;低明度的色彩则给人以亲切、温暖、清雅感觉,能起到收缩空间的作用,地面适宜用低明度的色彩处理。

(3)纯度。纯度就是色彩的饱和度,主要反映由浓到淡的关系。色彩纯度高的颜色有分量感,感染性强,给人深远、放大、雍容华贵之感。色彩纯度低的颜色给人一种和谐、舒适和典雅的感觉。

(4)色性。从色性上分,颜色可被分为暖色和冷色。暖色成熟、丰美、热情;冷色深远、安宁、神秘感。

(5)彩度。将垂直轴的底部定为理想的黑色0、顶部定为白色10、中间依次为灰色(N),此称为无彩色轴。所以,色相的彩度,在轴上的彩度定位0,离轴越远彩度越强。

色彩的特性很容易受其他色彩的变化影响而变化。一种颜色同其他颜色混合,就会产生几种不同颜色。例如,蓝色里加一些黑色,就变成了海蓝色;蓝色里加一些绿色,就变成了凫蓝色。

(二)色彩的心理和生理效果

色彩既是一个物理量,也是一个心理量。它具有心理功能。设计者如果能够充分运用色彩的心理功能对人们施加影响,则可以更好地创造特定的空间气氛。

色彩心理功能在冷、暖色调的表现上最为突出。在环境景观设计中，暖色调会给人的心理上和视觉上造成温暖的感觉，它能够使景观小品、图案和纹理质地彼此更容易地融合在一起，在视觉上能够起到缩小空间面积的作用。纯度、明度越高，温暖感越强。冷色调会让人安静、精神放松，使人保持冷静的心绪。在视觉上，冷色调能起到延伸空间、增大空间的作用。纯度、明度越高，冷感越强。

下面列举一些色彩的心理功能在景观环境里的象征意义。

大红色：象征危险、热情、爱情、兴奋、刺激、卓越。

粉红色：象征柔弱、纯洁、轻松、优雅细致。

橘红色：象征友情、温暖、庆贺、清澈。

正黄色：象征乐观、阳光、收获、复兴、紧张、渴望、智慧、刺激。

浅黄色：象征聪慧、同情、清新、善良、清洁。

深绿色：象征可靠、健康、坚韧、安全。

翠绿色：象征海洋天空、清爽、怀旧之情、安定。

黄绿色：象征年轻、愉快。

紫色：象征幻想、高贵、平衡、名望、信奉、戏剧效果。

淡紫色：象征鲜花、假想、女人的气质、友好、敏感。

天蓝色：象征忠诚、诚实、刺激、休养。

淡蓝色：象征尝试、清洁、安定、时空的延伸、不安全感。

（三）SHIBUSA 色彩和谐理论

SHIBUSA 色彩和谐理论产生于日本。该理论指出，视觉效果上的美感是经过色彩之间的微妙组合而形成的。这一理论还提出了色彩含蓄。它启示环境景观设计者在设计中要利用色相、明度、纯度等的微妙变化，来达到景观色彩设计的整体协调。

色彩含蓄之间，共同点多于不同点。它们之间的亲和力使色彩有一种内在的联系，因此色彩含蓄很容易创立景观协调的关系。值得注意的是，色彩之间的微妙变化要有一个阈值。也就是说色彩之间的差别不能过于小以至于难以区分。由此看来，色彩的微妙变化既要注意微妙的不同，又要注意色彩之间不要混为一体。

此外，SHIBUSA 理论还强调，设计者在设计时可以使用含蓄的图案形式和不均匀的纹理与其色彩计划相联系，从而创造一种温馨、平和的景观设计风格。

（四）景观设计对比色彩

当几种颜色在纯度、亮度和强度方面有很大差异时，就形成了对比关系。这里的对比主要指的是配色清楚、明快、是非分明的感觉。在环境景观设计中，色彩的对比能给人以强烈、刺激、跳跃的感觉，能使人获得生动感。

色彩对比可以是色相、明度、纯度的对比，也可以是某一维度中各个方面的对比，而最为突出的是色相和明度的对比。色彩对比中，最关键的是对比色之间的差异，对比色虽然有较大差异，但要有必然的联系，彼此之间因为对方的存在而存在，也就是说对比色之间是相辅相成的，互相联系的。

在环境景观设计中，对比色并置时要想达到和谐融洽的效果，可在颜色的色相、明度、纯度方面有一些变化，如对比色之间的色相、明度、纯度要有差异，要打破它们的均势，建立层次感。例如，将蓝色与橘红色并置，一定要使这两色在色相、明度、纯度方面有差异，可以是某一方面的不同，也可以是综合的差异。

为了建立一种主次明显、有层次感的效果，设计者还应根据不同的空间功能的要求，在对比色调的设计上有一定差别。此外，色彩对比中还要注意颜色面积的比例关系，原则上应当建立一种有序的结构关系。

（五）景观色彩设计中中性色彩的表现及应用

中性色彩主要有白色、米色、灰色、褐色、黑色等。在景观色彩设计中，这些色彩应用得较多，因而设计者应当掌握这些中性色彩的表现及应用原则。

1. 中性色彩的表现

(1)白色与米色

这两种中性色彩有增大空间的作用，能使空间看起来比较大。白色适宜于装饰景观环境背景，它能够使人在看景观时有明亮、空旷、深远之感。此外，在景观空间，确定色彩装饰主调为白色，看上去简洁活泼、清新气爽。

(2)灰色

这种中性色彩通常被认为是一个完美的背景色。它能够衬托其他与之相搭配的颜色。在景观色彩设计中，如果将灰色定为主色调，则能够很好地陪衬、烘托其他色彩。灰色也有很多种，如略带桃红色的灰色、呈绿色的灰色、呈褐色的灰色等。一般来说，暖灰色给人以安静、柔和之感；冷灰色给人以明亮、严肃之感。设计者在使用时，需要谨慎处理。

(3)褐色

在景观色彩设计中，褐色也是备受宠爱的颜色。这种中性色彩属于暖色。木材经过处理后呈褐色，如红胡桃、黑胡桃等。褐色从深褐到浅褐，明度调子可分为多个阶段。褐色与其他色彩配合起来较为容易，但如果过多地使用这种颜色，就会使环境充满原始的气氛，或是形成忧郁的意境。

(4)黑色

这种中性色彩既给人一种厚实、华丽、庄严之感，也给人一种压抑、单调、枯燥之感。在景观设计中，黑色与其他色彩和谐搭配，能产生雍容华贵的空间氛围。但是，设计者还是应当谨慎使用，适当处理。

2. 中性色彩的应用

中性色彩色性较为温和，在色相、明度、纯度关系上比较接近,冷暖关系对比不强。在景观色彩设计中,这种色彩经常被作为基色使用。它一方面能够产生稳定、平和、幽雅的色彩效果;另一方面能够更好地衬托景观环境,能够帮助设计者灵活地调整景观的色彩设计计划。

需要注意的是,在大型的景观环境里,背景处理应使用中性色彩,可确定为色彩的主色调,主色调在景观环境中能起到营造整体气氛的作用,同时利用中性色彩的明度、纯度、对比度温和的色性,能达到色彩设计整体的稳定感、韵律感和节奏感;但是,在小型景观环境中,则无需采用这种色彩,采用鲜艳色彩效果更好。

(六)景观设计中影响色彩的因素

在环境景观设计中,影响色彩的因素有很多,除了光照外,还有材料、纹理质地、色彩安排和明度调子等。

装饰材料与纹理会影响色彩的变化。材料与纹理可吸收、反射光源,从而显现出不同的色彩变化。光滑的材质表面反射入射光源,会使色彩显得光亮和纯度高。带有纹理的木质材料吸收或是折射光照,它的颜色会比实际的颜色显得更暗一些。

此外,景观色彩的明暗调子要有层次差异,色彩的组合要和谐,以避免不必要的色彩设计失误。

(七)景观色彩设计步骤及要求

设计者在进行环境景观色彩设计时,要根据不同的功能和形式的空间,决定各种材料的颜色,以期达到一种和谐的效果。理想的景观色彩应当是让人们感到舒适、惬意、自然的。

1. 景观色彩设计的一般步骤

(1)根据景观空间的功能,选择合适的色调作为景观环境色彩设计的主题。例如，居住景观空间适合采用温和、安静、典雅、柔和的色调。

(2)确立主色调。这需要考虑即将确立的色调是否与周围环境相联系，尽量不要孤立地设色，要同其他色彩彼此呼应。

(3)按顺序选择材料色彩。一般情况下，地面的颜色明度和彩度较高，这能够使景观空间获得明亮的效果。背景宜选用柔和的色彩。而地面的明度和彩度较低，这是为了起到对景观的衬托作用。

(4)设计色彩的主调方案。在方案中，色彩的明度、冷暖色的合理应用等都要考虑其中。

(5)编制景观材料色彩样例，做施工色样；设计完整的彩色渲染效果图以及平面、立面色彩效果图；详细衡量比较各种色彩之间的关系，并做出合理的调整。

2. 景观色彩设计要求

(1)设计者要依照人的爱好去选择色彩进行组合。实际上，不同环境、不同的人对色彩配合的要求也是不一样的。例如，休闲区是人们娱乐和聚集的区域，大多数人喜欢中性色调；青少年通常喜欢小块、明亮的色彩，当然，成年人也可以接受和认可；趋于忧郁性格的人更喜欢暖色调和活泼的色彩；视力不太好的偏爱亮色调、淡颜色。

(2)色彩不仅要满足装饰的需要，还要具有耐磨损的特性。一般来说，中性色彩材料能够长时间使用而不会显得脏，适合应用于景观设施中。

(3)设计者一定要掌握景观环境的功能要求，了解色彩心理对人们的影响，从而决定色彩设计的走向。

(4)设计者一般应从整体到局部，从大面积平面到小面积的平面来确定主色调。

(5)设计者要合理安排景观色彩。如果几种色彩并置或相距很近，那么色彩之间会相互影响。例如，一种颜色靠近绿色，这种色彩也会呈现绿色的。因此,调和的色彩样例在正式使用前要经过测试,测试环境应当与真实的环境相近,从而保证色彩设计的协调性。

(6)色彩设计要有变化,协调好色彩统一与变化的关系、层次分明的关系。

第三章　环境景观设计的资源构成

环境景观包括自然景观和人文景观两种。本章主要对这两种景观进行系统的分析与介绍。

第一节　自然景观资源

自然景观资源是多种自然环境因素综合作用的结果。尤其是地质、地貌、水文、气候、生物等因素最为重要。下面我们就对这些要素进行系统的分析。

一、区域环境景观的地质

(一)地质景观的概念

地球的外壳是多种岩石构成的,它包括成层状的地层、不同形态的火成岩体、各种性质的沉积物和各种类型的矿床等,在地理学上这种现象被称为"地质体"。这些地质体形状各异,造型独特,具有很强的观赏性,引起了科学界很大的兴趣。地质体的岩性、构造、地层、矿床等都是被研究的重要对象,也被称为景观地质。它作为区域自然景观特征的根本与基础,是自然景观的主要研究内容之一。

(二)区域环境地质是自然景观形成的基础

自然景观具有强烈的审美特征,一般都会给人以雄伟、壮丽的美感。在特定的地质背景下,来自地球内部和外部地质作用的长期运动形成了大大小小、各种各样的地质景观。其受力情况以及形成原因各有不同,主要有以下几种情况。

1. 区域构造骨架

区域自然环境景观的面貌特征与地区的地质总骨架密切相关,不管何种形态都是由这一骨架所决定。地质的总骨架主要包括山麓洪积、冲积扇、冲积平原、低冲积平原和海滨低平原等方面。不同的区域地质构造骨架形成自然景观地貌的不同类型,如长江三角洲冲积平原。

2. 局部构造变形

局部的地壳运动会导致地质构造变形,主要有褶皱和断层两种形式。岩石经过这两种变化形式后,加上湖水的侵蚀会形成新的自然景观,如桂林峰林、云南石林等。

3. 火山作用

火山喷发后因岩浆冷却或岩浆源空虚而造成火山口塌陷,变成了火山口湖,如吉林白头山天池。

4. 岩性条件

不同的岩石,由于构造的差异也会形成奇特的自然景观。这主要是岩性控制地表形成的。同样,岩石的纹理结构对山石景观的形成也是非常显著的。水平岩层具有水平延伸的纹理结构,单斜山具有斜伸的层理结构。这些都是由地质构造来决定的。岩层若加上发育的节理,则可以形成更复杂的纹理结构。

5. 冰川和风的作用

冰川上常常有一些冰川湖,沙漠戈壁滩上也常常会有风蚀城堡、沙丘等,这些都是在冰川侵蚀、风力侵蚀的作用之下形成的特殊自然景观。

6. 海水湖水侵蚀作用

在海边或者湖边的断崖上，常常可以看到被海水、湖水侵蚀的自然景观，形成像“美人礁”“太湖石”等景观现象。

综上所述，一个区域环境自然景观特征的基础就是地质作用所构成的地质总骨架。

（三）环境景观地质资源类型

1. 地质构造形迹资源

地球内力发生构造运动所引起的地壳岩石发生变形、变位从而改变地壳构造的地质作用。这种运动会产生两种不同景观的遗址，分别是以下几种情况。

（1）褶皱构造形迹遗址。褶皱是指岩层受到力的挤压而变得弯曲。这种弯曲的形态主要有两种类型，一种是向斜褶皱，另一种是背斜褶皱。世界上许多的山脉都是褶皱带，如喜马拉雅山、阿尔卑斯山等。

（2）断裂构造形迹遗址。断裂是指地壳岩石受到力的作用发生断层。此时，岩层上会形成许多优美的节理，也可称作是裂隙。这种情况下，岩石没有发生明显的错位，只是在力的作用下岩层发生了分裂，如雁荡山等。

2. 观赏功能的岩石资源

岩石资源按照成分可以分为火成岩、沉积岩和变质岩三种。最有名气、也最具有观赏性的是沉积岩。例如，在水中长期浸泡，被湖水长期侵蚀形成许多空洞的太湖石。

3. 标准层剖面资源

地层标准剖面也具有极高的科学考察价值，它是环境景观资源的重要组成部分，世界各国都对它进行了考察研究。例如，我国的宜昌天竺山层型剖面，已经成为重要的研究遗址之一。

4. 冰川活动遗址资源

冰川遗址资源主要分布在我国的西部地区，那里有许多的高山，分布着许多冰川地貌，其中还包括有古冰川遗迹等景观。它们对科学考察以及景观的艺术探讨都起到了十分重要的作用。

5. 古人类文化地质遗迹资源

这类具有观赏和科研价值的遗址极多，如我国的仰韶文化遗址、北京周口店猿人遗址等。

6. 古生物化石资源

化石是指保存在地层中的地质时期的生物遗体及其活动痕迹，是古生物基本研究对象。

二、区域环境景观的地貌

（一）地貌过程对区域环境景观特征的影响

自然景观分布在不同性质的地域上，任何自然景观必然是与具有特定地貌形态的地域相联系，如峰林、洞穴、石柱等自然景观多分布于具有岩溶地貌特性的地域上，瀑布、峡谷、冲积平原等自然景观多出现于具有流水地貌特征的地域上，沙丘、戈壁、雅丹多分布于干旱地貌特性的地域上。自然景观特征的基本因素与条件就是地貌。因此下面对地貌的重要影响及表现作具体的介绍。

1. 地貌对自然景观的意境形成的影响

景观地貌以其独特的雄伟壮丽给人带来了宽阔、辽远的意境。人们身处其中，常常将情境融为一体，形成相互交融的艺术境界。

2. 地貌是构成自然景观特征的基本骨架

在区域环境中,任何自然景观资源的构成中都有一个突出特点的主体景观,这一主体景观形成了其景观的总体特征。例如,湖南的张家界自然景观资源多为柱状峰群的奇峰异石。这些特征是由上古时代砂砾岩构成的峰林景观。这种景观特征给人以奇、雄之感。构成其特征的骨架是发育于高山盆地的砂岩峰林地貌,是地壳上升、流水沿垂直节理差别侵蚀的产物。

3. 地貌过程对区域环境景观差异形成的影响

区域环境景观很多由于其面积的广大,内部又会存在很大的差异性。对区域环境景观进行设计和规划时,应该详细地考虑到这一点。

总之,自然景观的形象与地貌有着十分密切的关系。这种关系主要表现为以下两个方面:首先,不同特色的自然景观地貌是在不同的外力作用下形成的;其次,自然景观特征的基础就是地貌的起伏,它是构成自然景观形态的基本骨架。

(二)区域环境景观地貌类型

景观地貌具有吸引功能和审美价值。它的类型主要分为三种系统:一是景观地貌的岩性构景系统;二是景观地貌的体量和级别系统;三是吸引系统。这三种分类系统,都有着各自的功能和意义,在研究景观设计学时都发挥着不同的意义。

1. 景观地貌的岩性构造系统

景观地貌的形成与岩石性质有着很大的关系。由于岩石的构造、功能、物理性质、化学性质的差异,即使外力的作用相同,它们的形态也会发生不同程度的变化,于是构成了多种多样的景观地貌。按照岩性形成的不同原因,景观地貌可分为以下几类:流纹岩景观地貌、花岗岩景观地貌、玄武岩景观地貌、变质岩形成的景观地貌、岩溶景观地貌、红色砂砾岩构成的丹霞景观地貌。

2. 景观地貌的体量和级别系统

景观地貌根据体量和级别来划分，主要可以分成以下这三个部分。

(1)小尺度景观地貌。它是构成中尺度景观地貌的一些单体景观地貌实体。例如，我国桂林的象鼻山、七星岩，雁荡山的灵峰、灵岩等，它们体积较小、占地面积较少，大部分情况下是以单独的个体出现的，在观赏时主要是以近景为主。

(2)中尺度景观地貌。它是构成大尺度地貌单元的景观地貌实体。例如，中国的“五岳”和佛教四大名山等，这些景观有着自己鲜明的特点，它们地处的范围不大不小，处于中间状态，是内外力共同作用的结果。

(3)大尺度景观地貌。它指的是区域的规模和范围。例如，中国根据山脉的走向划分的许多山系，包括东西走向、西北走向、东北走向、南北走向的山系，每一走向的山系又包括了许多大型山脉。

3. 景观地貌的吸引系统

根据景观地貌观赏吸引功能可以归纳为以下几类。

(1)山岳景观地貌吸引型。山岳景观在自然景观中是主体资源之一，它给人一种挺拔俊俏的美感。许多名山都是文化形成景观的重要基础，这些名山因为不同的特色而成名，给人们带来不同的享受。

(2)干旱景观地貌吸引型。干旱地貌如沙漠、戈壁、雅丹等，是在风力作用下形成的自然景观类型。这些景观大多数分布在人烟稀少的地方，给人一种神秘莫测的感觉。

(3)峡谷景观地貌吸引型。这一景观地貌具有很强的吸引力。它深邃幽峡，寂静险峭，人们身处其中，必定是无限感慨。最著名的如我国的长江三峡峡谷，它西起奉节白帝城，东至宜昌南津关，全长 204km，由瞿塘峡、巫峡、西陵峡和一些宽谷所组成，两岸奇山峻岭，风景十分秀美。

(4)岩溶景观地貌吸引型。岩溶景观在我国多分布于南方，形成了多种多样的地貌景观，主要类型有石林、峰林、孤峰、天生桥、溶洞和岩溶瀑布等。岩溶景观是一种十分独特的景观地貌，带给人别样的吸引。

(5)洞穴景观地貌吸引型。洞穴是分布在地下的景观地貌资源。世界上最长的溶洞群在美国肯塔基州猛犸洞，洞总长 255km。我国的洞穴景观集中分布在湘西，如贵州织金县的打鸡洞、湖北的汉川洞等。

洞穴地貌景观按照岩石的成因可分为石灰岩溶洞、火成岩溶洞、花岗岩及结晶岩风化崩落形成的洞穴等。溶洞分为横向溶洞和垂向溶洞两类。除此之外，有的溶洞是人类文化遗址，如我国北京的周口店猿人洞等。这些洞穴对于科学研究有着重要的价值。

(6)其他景观地貌吸引型。其他具有吸引功能的地貌有黄土、高原、盆地、平原、绿洲等。

三、水的景观

我们的地球上存贮着大量的水体，它们是水体景观形成必不可少的资源。利用与设计水的景观是环境景观设计的一项重要内容。

(一)水的景观吸引功能

水在自然环境中是非常重要的物质组成之一。大自然以及人类的发展都离不开水。水的功用有很多，既可以用于生产生活，也可以用于景观设计。对水的景观进行优美的设计，可以使人类生活在更好的环境中。因此，人类十分有必要研究水景观的吸引功能。

1. 音响吸引功能

水体在外力的作用下，上下流动会产生各种不同的声音，比如海浪翻滚的声音、瀑布一泻千里的声音、海水敲击海岸的声音等。这些声音可以被看作是不同的乐曲，给人带来听觉上的冲击，从而产生一种美好的感受。

2. 形状吸引功能

地球上的水以不同的分布形式呈现，有湖泊、瀑布、海洋、江河、涧溪、泉水等。每一种水体景观都给人不同的感受，或壮阔，或清新。

3. 影与色吸引功能

地球上的水本身都是没有颜色的，清澈透明的，但是一旦万物的影子倒映在其中，就会产生各种各样的效果，给人造成一种错觉。每当光线有变化的时候或者是有风吹过，水面的景色也会发生相应的变化，给人带来无穷的想象。

(二)水的景观类型

水是一种流动性的物质，具有很强的可塑性，它可以和山川、树木、石头搭配成不同的组合，形成不同的景观。根据水的景观性质，可将水的景观分为五类：河川、湖泊、瀑布、泉水及海洋。

1. 河川景观

陆地上的河流纵横交错，不同的地貌会形成不同的景观，每一种景观又会形成自身的吸引功能。这些景观的形成多与当地的气候条件有关。如果河川分布在热带，那么河水一年四季的流量都很大，河川的面积也会很广，如亚马逊河流。暖温带的河川，河水四季流量变化大，分枯水期与汛期两个阶段。这两个阶段，给人完全不同的两种感觉。枯水期的时候，河川带给人一种安静的享受；汛期的时候，河川带给人一种波涛汹涌的壮阔感。利用这种感觉，可以有效地培养人们的爱国情操。

2. 湖泊景观

湖泊景观，也是陆地水景观的主要类型之一，是指陆地表面天然洼地中蓄积的水体。要想形成湖泊景观，必须具备以下几个方面的条件。

（1）湖形，即湖泊的形状。每个湖泊因为自身的地理位置都会产生不同的形状。

（2）湖影，即湖泊的透明度，它直接影响湖水倒影的清晰度。湖水越清澈，倒影就会越清晰。否则，倒影就会越模糊。在我国新疆准噶尔盆地的赛里木湖是目前已测定的透明度最大的湖泊。

（3）湖色，是指湖泊的颜色，湖泊水景观所形成湖光水色是水景观的特殊表现形式。

3. 瀑布景观

瀑布景观，是指从河床横断面处汇集倾泻而下的巨大水流。瀑布由造瀑层、潭前峡谷、瀑下深潭三个部分组成。瀑布的类型分为以下四种。

（1）断裂差别侵蚀型瀑布。这种类型的瀑布是地球内外力综合作用的结果。内力主要是指地质运动造成的断层，这种大面积的断层是瀑布形成的基础，没有断层就无所谓瀑布，只能是水流。外力主要指水流的侵蚀作用，只有内外力条件充分具备的情况下，才能形成瀑布。我国的黄河壶口瀑布就是这种类型的瀑布。

（2）岩溶型瀑布。这种类型的瀑布是指经过水流溶蚀可溶性岩石而形成的瀑布，如贵州的黄果树瀑布。它又可细分为河流袭夺型、落水洞型和断裂切割型三种类型的瀑布。

（3）山崩、泥石流和冰川型瀑布。这一类型的瀑布成因并不相同：一种是由山崩、泥石流物质堆积在沟谷而形成的堆积型瀑布；另一种是冰碛物堆积在槽谷中而形成的侵蚀堆积型瀑布。

(4)熔岩型瀑布。这种瀑布是指火山爆发后，熔岩流出在河道出口堆积并冷却，形成坚硬的高坎，水流从此高坎上流过而形成的瀑布，如我国吉林白头山天池瀑布等。

瀑布将山与水有机地结合在一起，通过形、声、色不同的组合来表现自然景观资源富有魅力的美，给人带来极强的吸引力。

4. 泉水景观

泉水是地表出现断层后地下水在表面的部分。它会沿着一定的出口持续不断地流出来，形成泉水景观。泉水的形成与地质、地貌、水文条件都有很大的关系。根据泉水景观形成的原因和条件，可以将泉水景观分为以下几种。

(1)堤泉。地下水向前流动时隔水层局部突起，受到阻挡而流出地表形成的泉。

(2)侵蚀泉。这种泉水的形成主要是因为河流的侵蚀切割造成地下水流出地表形成的泉。

(3)接触泉。地下水在含水层与隔水层接触面的地方流动，在有出口的地方形成的泉。

(4)溢出泉。地层岩性发生变化使地下水不能向前流动，只能慢慢成片地溢出而形成的泉。这种现象多发生在平原地区。

(5)岩溶泉。它是在岩溶地区，由于可溶性岩的性质，岩石被雨水溶蚀形成了洞穴，雨水迅速出露于地表形成的泉。

(6)断层泉。断层将含水层切割露出地表，使地下水流出形成的泉。

每一类泉水景观，都会因为其地质的差异、岩石的性质、水的成分和厚度，形成不同的景观。泉水流量的大小也与这些因素息息相关。

5. 海洋景观

海洋占地球表面积的71%，总面积约36 200万公顷。它是地球面积最大的水体自然景观。其中心部分称为洋，边缘部分称为海。

海洋景观资源带给人一种广阔、壮丽的感觉。目前，人类开发较多的也多为海洋的边缘区域。从古到今，从国内到国外，对海洋的探索一直都未间断过。海洋以其自身的特点成为独特的景观。尤其是海滨的环境深受人们的喜爱。这主要是因为海位于大洋与海岸之间，在这两者的相互作用下，水色、透明度、盐度等有明显的季节变化。沉积物以沙、泥等为主。因此，海滨对于人们来说是一个不错的景观选择。

海洋景观资源的形成是多方面原因作用的结果。其中包含了气候、陆地、海水、生物、岩石等多种因素，这些因素对景观的形成起到了至关重要的作用。比如，水的温度、颜色、性质以及水的流动对海岸的塑造作用等。

海滨沙滩景观主要包括海滨沙场和浴场，如意大利海岸建设了长达数公里的海滨浴场。

海岸地貌景观包括基岩海岸和平原海岸。

海洋岛屿景观主要包括大陆岛、火山岛、珊瑚岛等。以生产威士忌酒著称大西洋的艾莱岛是这一类型的代表。

四、气象和气候景观

气候是指某一地区长期的天气特征。它直接影响着自然环境与人们的生产生活。

（一）气象和气候景观的吸引功能

1. 差异性和广域性

气象和气候会在一个较大的范围内产生长期的控制和影响。其差异性主要表现在不同地域的冷热程度不同，不同地域的旱涝程度也不相同。

2. 速变性和多变性

天气是短时间的变化,它主要是受到物理变化的影响,因此具有瞬息万变的特点,它会影响景观的色彩与明度变化,如日升日落、蜃楼等景观。

3. 导向性和节律性

季相变化是气象和气候变化的依据,一年四季的交替变化也会影响自然环境景观特点。

(二)气象和气候景观类型

1. 云雾景观

云雾是一种非常独特且十分富有吸引力的自然景观。我国宋代韩拙说:“云之体聚散不一,轻而为烟,重而为雾,浮而为霭,聚而为气。”古代有“山无云不秀”的认识。

2. 雨水景观

降水是气象的一种重要类型,也是环境景观设计与利用的重要类型,不同的地域形成的雨水景观也不尽相同。我国雨水景观有江南烟雨、巴山夜雨等。

3. 晨夕与云霞景观

旭日、夕阳和云霞是最具魅力和最具吸引力的自然景观。观赏日出和日落景观是人们的审美需求之一。

4. 冰雪景观

雪是极富吸引力的特殊景观,在高纬度地区和中纬度地区的冬季及雪线以上山顶地带出现的一种特殊天气降水现象。雪与其他的景观搭配,可以给人银装素裹的感觉。

世界上最具特色的冰雪景观就是珠穆朗玛峰以及享有“冰山之父”的慕士塔格峰，它们都是冰雪景观的杰出代表。站在这些山峰的脚下，可以让人感受到四季的不同变化。在我国东北地区有对冰雪创造的冰雕艺术供人们欣赏，尤其是被誉为“冰城”的哈尔滨，是我国冰雪景观的最著名城市。

五、植物和动物景观

植物和动物景观是自然景观中不可缺少的主要内容。它们也是与人类活动密切相关的景观资源。因此，我们有必要了解植物景观和动物景观。下面对其做一个简单的介绍。

（一）植物景观

植物景观可以分为野生植物景观、植物园景观和城市植物景观，在地表的大部分地区都可以看见，甚至在海水中、湖泊中也可以看见它们的身影。除此之外，少数的沙漠、戈壁和冰川地区没有植物景观。这些植物景观一方面为人们的生产生活提供服务，另一方面也为人们的审美提供需求。

（二）动物景观

动物景观可分为野生动物景观、动物园景观和玩赏型景观，分布于地球上所有海洋、陆地，包括山地、草原、沙漠、森林、水域等地区，成为自然环境不可分割的组成部分，也是自然景观的重要组成部分。

第二节 人文景观资源

人文景观与人类生产活动、生活活动息息相关，它是人类在艺术领域和科学领域的总结性成果，并且通过形态、色彩来表现整体构造的现象。

1972年11月16日,《保护世界文化和自然遗产公约》在巴黎召开的联合国教育、科学及文化组织大会上通过,于1975年12月17日生效。该公约对文化遗产的保护作出了具体的规定,主要是对那些有科学价值、艺术价值以及历史价值的文物及古代遗址进行保护。对于自然遗产,该公约同样进行了规定。这是因为一些自然景物同样具有科学与美学的特点。这一公约的颁布,对自然景观和人文景观遗产资源进行了较为详细的分析与认识,对全面保护二者具有重要的参考意义。

人文景观之所以受到人们的重视,是因为其具备了以下几个方面的特点。

第一,历史性。人文景观大多数都是从历史中遗留下来的,它们的身上有很强的历史烙印,从它们的结构以及内容中我们可以得到某些历史的讯息,如古长城、古丝绸之路等。

第二,人为性。人文景观是人类生产、生活的产物,主要是以城镇、建筑、遗迹为主,是人类社会文明进步的象征,代表着不同时期历史文化的发展水平。因此,它是当时的人们劳动创作的结果,代表了集体的智慧。人们在自然物质的前提下,人为地对它们进行创造,通过发挥自身的艺术想象力,让它们在物质上得到完美的体现,形成独特的人文景观,如苏州园林等。

第三,民族性。许多人文景观,不仅带有强烈的时代气息,还有较为深刻的民族特征。这种特征通常是通过景观的风格、造型、色彩来表现的,如西藏拉萨的布达拉宫、傣族的竹楼、苗族的寨楼等人文景观都表现出了鲜明的民族特色。

第四,地方性。人文景观有着鲜明的地域色彩,常常体现这一地方的生活习惯和风俗。它主要表现在景观的构建方面,通过不同的材质、构造形态表现出来。例如西北地区由于气候干旱,多风沙,居民住宅以平顶式为主,窗户一般也是双层加厚的,用来抵御寒冷的冬天;西南地区的情况则相反,由于气候湿润,降水量较多,降水时间也相对较长,因此屋顶多为坡顶,窗户也往往多为宽大型的。

第五，实用性。历史上的许多人文景观在产生之初，都是人们为了满足一定的生产、生活需要而建造的，因此它不单单只是具有欣赏的功用，还具有很强的实用功能。在不同的历史时期，它们具有不同的用途。例如一些占地面积较大、规模宏伟的建筑，往往是当时的统治者为了政治统治的需要而建设的，这些建筑通常是给人一种庄严、肃穆的感觉，以便于人们在思想上臣服于统治者的领导。随着时代的变迁，社会制度和文化环境发生了不同的变化，这些古代建筑景观的功用也在跟着时代发生相应的变化。

既然人文景观具有这么多的特点，又有着相当大的研究价值，我们有必要对其进行系统的介绍。但是由于人文景观资源的构成包括建筑景观资源、建筑遗址景观资源、民居建筑景观资源、城市建筑景观资源、陵墓建筑景观资源、园林建筑景观资源、桥梁建筑景观、宗教建筑景观资源、民族民俗景观资源这九个方面，内容十分庞大，这里我们就不一一进行详细介绍了。本节重点对建筑景观资源、建筑遗址景观资源、民居建筑景观资源、城市建筑景观资源、古代园林建筑景观资源进行系统的介绍。

一、建筑景观资源

（一）土结构建筑景观

人类最早应用的建筑结构类型之一就是土结构。在原始社会，人类没有固定的居住场所，受生产力水平低下的影响，他们没有修建房屋的能力，只能依靠石器、棍棒等简单工具，在天然的岩洞上面掏挖洞穴作为栖身之地。后来，人类在实践的不断探索中，改进了技术和劳动工具，逐渐学会了使用夯筑、制墼、版筑等技术。这样一来，土结构的建筑景观逐步形成。它主要分为夯筑式、掏挖式与砌筑式。

夯筑式土结构是使用夯杵，将土捣筑坚固，加大密实度，以提高其荷载能力，可作建筑的承重结构，也可作围护结构。原始夯土有山东龙山文化遗址，在河南淮阳留存有新石器时代用版筑的古城遗址。在夏商周时代，夯土版筑技术被大量使用，许多的城池都是运用了这一技术，至今在甘肃的部分地区我们还能看到相关的遗址。春秋战国后，夯土版筑技术更是应用在许多巨大的建筑工程中，如城墙、高台、陵墓等。夯筑式土结构，对我国古代建筑景观的形成具有重要的作用。

掏挖式土结构是掏挖各种体积较大的土质山体而形成的洞穴。这种结构主要分布在我国西北地区的黄土地带，如河南、山西、陕西、甘肃等省，也是民居建筑景观形式之一。

砌筑式土结构是用"土墼"和"土坯"两种土砌体建构而成。墼与坯产生在龙山文化晚期。土墼是在木模中，放入水量适当的潮湿土，经夯筑形成。土坯则是在木模中，放入用水和好的湿泥，经抹平形成，自然干燥后用以砌筑。

夯筑式、掏挖式、砌筑式这三种形式都主要适用于大型的建筑结构，包括陵园、长城、城垣、宫殿、高台建筑、土坯民居、土窑洞等。

（二）木结构建筑景观

木结构在我国古代建筑景观中堪称是最重要的结构类型之一，它有着十分重要的特征。上古时代就已经出现了木结构建筑的雏形，分别是"巢"与"穴"两种居住形式。我国很早就掌握了木结构技术，从近年考古发掘出的浙江余姚河姆渡遗址中，已经出现了相当规模的建筑木构件和较为复杂的榫卯连接技术。

木结构按照不同的组合方式可分为抬梁式、井干式、穿斗式三种。一般情况下，抬梁式结构的用处最为广泛。

抬梁式木结构主要是沿建筑进深方向前后立柱，在柱子的顶端架梁，梁上立瓜柱，瓜柱上再架梁，层层叠加，形成建筑造型特有的形象。抬梁式木结构布置成正方、六角、八角、圆形等形式。

井干式木结构是对原木进行简单加工，然后互相叠加，纵横交错，形成矩形的结构。

穿斗式木结构是沿建筑进深方向立柱，柱头直接承檩的结构，柱与穿是它的基本组成构件。

木料构成的各种形式的梁架，它是建筑结构最主要的承重部分。木质结构的墙壁，不承担任何重量，只是起到维护的作用。在我国古代的木结构中，由于其特殊的材质，常常可以对其进行雕刻和绘画，形成一种很美的景观现象。下面对木结构建筑景观的主要类型进行一个简单的介绍。

1. 楼阁

楼阁是我国古代建筑景观中比较常见的基本类型。楼是指重檐，阁是指下部架空、底层高悬的建筑。阁指的空间较大，楼多指狭小空间的部分。因此，阁与楼在古代是两个不同的概念。

2. 台榭

台榭是我国古代比较特殊的建筑景观。我国古代将地面上的夯土高墩称为台，台上的木构房屋称为榭，两者合称为台榭，它是用来供人们眺望、宴请和行射的。

3. 宫殿

在秦朝以前，宫是我国居住建筑的通用名，不论是王侯还是平民百姓，他们的住所都可称为宫。在秦汉以后，只有皇帝居住的地方才可以称为宫。自春秋至明清，宫一般在城中。殿是指大房屋，汉以后也成为帝王居所中重要的专用名。

4. 木塔

木塔起源于印度，是供奉或收藏佛舍利、佛像、佛经和僧人遗体等的高耸型点式建筑。在中国木塔又分化出多种类型。塔在中国古代是非常常见的。建筑景观中数量最多、形式最为多样的就是这一类型的建筑景观。木塔的建构基本上是遵循了阁楼的建造原理。唐代以后，砖塔、石塔逐渐增多，但都不同程度地与木塔结构类似。

5. 亭

亭是我国古代建筑中由一个点向四周散开的建筑景观类型。它主要是供人们观赏和停留使用的。

6. 廊

廊是我国古代建筑景观的基本类型之一。它在古代是指有顶的通道，包括回廊和游廊。

（三）砖石结构建筑景观

在我国古代建筑中，砖石结构建筑也是重要的景观部分。通常情况下，它都是作为木结构的辅助部分，如墙脚、柱础、地面、台基、边缘、踏道等，很少像现在一样作为单独的建筑群体而出现。

砖石建筑的修建大体上是模仿木结构而建造的，如汉石阙、牌楼、华表、无梁殿、石亭、石祠、石经幢、石柱、石栏杆、碑碣、桥梁和塔等。

下面对砖石结构建筑景观的几种重要类型进行详细介绍。

1. 石阙

石阙是中国古代建筑景观类型之一。它是建于城池、宫殿、宅第、祠庙和陵墓之前来标志建筑群入口的。通常情况下是表示崇尚礼仪，显示官员威严、功绩的装饰建筑景观。

阙的类型分为两种：一种是主要用于陵墓的独立的双阙，双阙之间不设门，上覆屋顶；另一种是门、阙合一的阙。阙经宋元演变，到明清时已成为北京紫禁城午门的形制。

2. 牌楼、华表

牌楼、华表是建筑景观类型之一，具有表彰、纪念、导向或标志的作用。它们通常会营造一种很庄重的气氛，是许多建筑群的标志性前奏，对主体建筑起陪衬作用，对街道景观也可以起到点缀作用。

牌楼，又称牌坊，是一种单独的建筑体，通常情况下是单排立柱，并在立柱上加额枋等构件，主要是对空间起划分的作用。

牌楼是在单排立柱上有屋顶，称为"楼"，常用楼的数目表示牌楼的规模，如一间二柱三楼，三间四柱七楼和三间四柱九楼等，立柱上端高出屋顶的称为"冲天牌楼"(图 3-1)。

图 3-1

华表通常是成对出现的，是由双排立柱组成的，有重要的标志作用和纪念意义，是中国古代建筑景观类型之一，其周围一般都配有石栏杆。在汉代的时候，将其称为桓表。从汉代到元代以前，华表的材质都是木质。明以后华表的材质以石质为主。在华表的最下端会有须弥座，石柱上端会使用一种称为云板的带有雕刻的石板。柱顶端会使用一种蹲兽(图 3-2)。

3. 石经幢

石经幢是用石头构建而成的柱状物，上面刻有陀罗尼经文。幢身一般为八棱形。

图 3-2

二、建筑遗址景观资源

(一)旧石器时代建筑遗址景观资源

旧石器时代建筑遗址景观资源按照时间的先后顺序可以分为三个时期:早期约在 100 万至 20 万年以前,代表性的遗址有辽宁营口金牛山岩洞、湖北大冶石龙头岩洞、湖北郧县梅铺岩洞、贵州黔西观音洞等;中期约在 20 万至 4 万年前,主要代表有辽宁喀左鸽子洞、贵州桐梓岩灰洞等;晚期约在 4 万至 1 万年前,以北京周口店龙骨山岩洞、河南安阳小南海、浙江建德乌龟洞等作为代表。

(二)新石器时代建筑遗址景观资源

新石器时代的建筑遗址景观已经形成了比较有序的布局和一定的规模,以聚落的形态呈现出来。聚落的形态又可以分为两种穴居和巢居。在这个时期,聚落在考虑布局的时候,通常是会绕水而建，在河谷和沼泽边缘，以接近水源，方便取水。

我国新石器时代的建筑遗址分为两个时期：仰韶文化时期和龙山文化时期。

仰韶文化时期的代表主要是西安的半坡、临潼的姜寨。从这些聚落遗址来看，建筑群都已经开始围绕广场而建，居民点被明确地划分出来，形成了居住区、生产区和墓葬区三个互相分离的部分。

龙山文化时期的聚落布局与仰韶文化时期的聚落布局不同，它的居民区划分并不明确，所有的建筑群也并没有统一的规划，相对来说，它的居住区和生产区都是分散呈现的。这一时期的遗址代表主要有汤阴自营、安阳后冈、石楼岔沟等。

下面对我国新石器时期代表性的遗址进行简单的介绍。

1. 姜寨遗址

我国目前新石器时代聚落遗址中，发掘面积最大的一个就是姜寨遗址。它地处于陕西省临潼县城北。所有的建筑群都围绕着广场而建，居住区、生产区和墓葬区也都有着比较整齐的划分。建筑房间基址平面都为方形或圆形，有地穴、半地穴和地上建筑三类。

2. 半坡遗址

半坡遗址是仰韶文化的重要代表，是原始氏族社会聚落遗址，它在陕西省西安市东郊半坡村，距今有 6 000 余年。

3. 大河村遗址

大河村遗址是新石器时代仰韶文化晚期的重要代表。它主要分布在河南省郑州市北郊大河村西南高地上。

4. 后冈遗址

后冈遗址主要分布在河南省安阳市附近的高岗上。它属于新石器时代仰韶文化、河南龙山文化和青铜时代商文化遗址。

（三）古代建筑遗址景观资源

1. 商代遗址

（1）盘龙城遗址。这一遗址的保存一直都是相对完好的，直到1954年以后，才出现了比较大的损坏。它主要出现在商代中期，地点位于湖北省黄陂县叶店。古城南北约290m，东西约260m，以方形分布在河北岸高地偏东南部地区。通过考古发现分析，城内和城外已经有了明确的划分，城内主要是宫殿，城外主要是居民区和手工业区。

（2）郑州商城遗址。它是东周时期郑国和韩国的都城遗址，位于河南省新郑县城。该遗址依靠河流而建，房屋的布局并不整齐，整个城墙的高都在10m以上。城分东、西两城，中有隔墙。东城是郭城，北墙长约1 800m，东墙长约5 100m，南墙长约2 900m。西城是宫城，东西长约2 400m，南北长约4 300m。

（3）台西遗址。它主要位于河北省，是商代中晚期遗址。梁柱是房屋的主要屋架，夯土和土坯筑城房屋的墙壁，从中还可以发掘出半地穴居遗址和地面建筑。

（4）小屯宫殿遗址。它是商代后期宫殿区的遗址，也是殷墟的主要组成部分。它地处于河南省安阳市小屯村北，从目前的考古发现来看，一共有50多座建筑基址，大多数是东西方向，基址的平面图形也是多种多样，包括矩形、条形、近正方形等。建造基址采用两种方法，即分填基法和挖基法。房架用木柱支撑，墙用版筑，用茅草盖顶。

2. 西周遗址

（1）周原遗址。位于陕西省岐山、扶风两县北部。已发掘的建筑基址有岐山凤雏和扶风召陈两处。凤雏建筑以门道、前堂、后室为对称轴线，有回廊和封闭性院落。召陈则有不对称轴线。

(2)毛家嘴遗址。这是西周前期重要遗址，位于湖北省，是一座规模较大的干阑式建筑遗迹。

3. 东周遗址

(1)东周都城遗址。东周时期，由于政治上的纷争混乱，形成许多面积较小的城市。这些城市的面积，小者不到 $4km^2$，大者到 $20km^2$ 左右。各个国家的城市又进行了划分，包括城和郭两个部分：城是指的宫城，它设置在全称的最高处；郭是指老百姓居住的地方。

(2)战国长城。这是在战国时期特殊的政治环境下形成的，是战国时期楚、齐、燕、赵、中山、魏、秦为防御邻国进攻和匈奴侵扰而修筑的军事设施。

4. 秦汉遗址

(1)汉长安城遗址。它位于今陕西省西安市西北处，是西汉时期都城的遗址。它的内部有着严格的划分，街道也交错纵横，一片繁华的景象。

(2)汉魏洛阳城遗址。位于今河南省洛阳市，是东汉、曹魏、西晋、北魏的都城遗址。这一遗址主要是用于古代的礼教制度。这里我们重点介绍东汉、北魏时期的洛阳城。

东汉雒阳(洛阳的古称)城。其基本形态呈长方形，东西长约汉代六里，南北长约汉代九里，故称“九六城”。城中宫殿为南宫和北宫，全城共有 12 个城门，保留着东、西、北三面的城墙遗迹。

北魏洛阳城。北魏少数民族在中原建立政权，选址洛阳。当时的洛阳城仍然沿用之前的城墙。北魏在使用的时候只是简单地对其部分城门、街道进行了变更。

5. 三国两晋南北朝至明代遗址

(1)邺城遗址。它位于河北省临漳县西，包括南北两个城址，是曹魏、后赵、冉魏、前燕、东魏、北齐的都城遗址。南邺城和北邺城的平面形态都是长方形，对研究中国古代都城景观有非常重要的史学价值。

(2)隋大兴唐长安城遗址。它位于今陕西省西安市，是隋唐两代的都城遗址。它是由皇城、宫城、外郭城和各坊、市组成。长安城是中国古代历史较悠久的一座城，中国古代封建社会的鼎盛时期唐朝又是以此作为都城，因此它具有重要的史学研究价值。同时，作为都城景观，它又有着经典的形制，是研究我国古代建筑不可缺少的部分。

(3)隋唐扬州城遗址。它是唐代在南方的重要城址，包括子城和罗城两部分，位于今江苏省扬州市。

(4)元大都遗址元代都城遗址。它位于今北京市旧城的内城及其以北地区。

(5)明北京城遗址。它位于北京市内外旧城区，是明代都城。在此之前，明北京城由元代少数民族政权掌控，明代只是对其承袭与沿用，因此，明北京城很大程度上带有元朝都城的特点。

(6)明南京城遗址。南京城位于今江苏省南京市，在历史上被多个朝代建为都城，在世界范围来看，都是非常有名的古城。明代南京城在明太祖朱元璋的亲自主持设计下建造而成，雄伟壮观。

三、民居建筑景观资源

历史上最早出现的建筑类型就是民居。民居建筑的形成受到自然环境和社会环境的影响。在我国民居建筑景观是多种多样的，主要有以下的六种类型，下面对其进行详细介绍。

(一)窑洞式民居景观

窑洞式民居在我国的西北地区较为常见。因为西北地区有着独特的自然地理环境。黄土高原是这一地区的主要地形，窑洞是利用黄土垂直、直立的特性开挖形成的。它主要分布在黄土层较厚的地区，如甘肃、山西等。窑洞按照性质划分，又可以细分为以下的三种类型。

1. 平地窑

平地窑是以地平线为基础，根据需要的尺寸和形状垂直向下开挖，形成的深坑作为院子，然后继续从坑壁向四面挖靠山窑洞。

2. 靠山窑

靠山窑对黄土的垂直性特点依赖最大，因为其主要是垂直开挖，深度最高可以达到20m。

3. 砖窑

石窑、砖窑和土坯窑，对黄土的依赖性相对较小。它的主要材质是砖、石或坯。这种窑洞在陕西、山西比较常见。

（二）木构架庭院式民居景观

木构架庭院式民居在我国民居形式中非常常见，它数量多、分布地区广。但是在北方和南方，木构架庭院式民居还存在着一些区别。北方以北京的“四合院”为代表，南方以“四水归堂”为代表。对于北京的“四合院”大家并不陌生，但是对于“四水归堂”，很多人并不了解。其实，它只是一种俗称，指的是那些面积比较小的院落或是天井，构架主要是穿斗的方式，墙面多为白色，有各种防火墙，顶铺小青瓦，室内铺石板。还有一种比较特别的是西南地区的“一颗印”式住宅，这种建筑与北京的四合院的布局是极为类似的，比较特殊的就是在房屋的转角处互相连接，组成一颗印章形状。如图 3-3、图 3-4 所示。

图 3-3

图 3-4

(三)碉房式民居景观

碉房主要分布在青藏高原地区,是一种独特的民居形式,主要材质是土或石,用它们砌筑之后,形状类似碉堡,所以被称为碉房。

(四)干阑式民居景观

构建干阑式民居的主要材质是竹或木,通常是以楼房的形式出现。这种民居形式主要分布在贵州、云南、广东、广西等地区。在这种民居的底部,是被木或者竹架空的部分,它的形成主要与当地潮湿的气候有关。因此，上部用来住人，底部架空之后人住在上面不会那么潮湿，同时还可以最大化地利用空间来饲养牲畜。

（五）毡房式民居景观

游牧民族民居形式多以蒙古包和帐房为主，这主要是利用了帐篷便于携带、运输的特点。这种类型的民居是适应牧民自由放牧而产生的，在我国内蒙古和西藏地区较为常见。

（六）“阿以旺”式民居景观

“阿以旺”式民居，是土木结构混合而成的。它在四周形成院落，墙面大量使用石膏雕饰，搭配密梁式平顶和有壁龛的房屋，成为新疆维吾尔族民居的主要形式。

除此之外，还有水上民居“舟居”形式等。

四、城市建筑景观资源

城市建筑景观，是城市整体布局的综合表现，同时也是自然景观和人文景观结合的表现。城市建筑景观资源，具体可以分为以下几个方面。

（一）历史建筑以及历史文化名城景观

历史文化名城对于历史文化的研究具有重要的意义和价值，是很特别的一种城市类型。人们通过历史文化名城，可以了解到城市的起源和发展，城市建设的理念以及人文情怀。它们主要分布在历史文化较为悠久的地区，在这些地区相应地分布着一些文物古迹、古城遗址、古建筑、名人故居、自然景观以及古树名木景观等。

每一个国家都有代表性的历史文化名城，许多的名城都成为世界认识它们的窗口。

我国国务院也先后分四次公布了中国历史文化名城，如表3-1所示。

表3-1 中国历史文化名城名单

	城市名城
中国第一批历史文化名城名单	北京、承德、大同、南京、苏州、扬州、杭州、绍兴、泉州、景德镇、曲阜、洛阳、开封、江陵、长沙、广州、桂林、成都、遵义、昆明、大理、拉萨、西安、延安
中国第二批历史文化名城名单	上海、天津、沈阳、武汉、南昌、重庆、保定、平遥、呼和浩特、镇江、常熟、徐州、淮安、宁波、歙县、寿县、亳县、福州、漳州、济南、安阳、南阳、商丘、襄樊、潮州、阆中、宜宾、自贡、镇远、丽江、日喀则、韩城、榆林、武威、张掖、敦煌、银川、喀什
中国第三批历史文化名城名单	正定、邯郸、新绛、代县、祁县、吉林、集安、哈尔滨、衢州、临海、长汀、赣州、青岛、聊城、邹城、临淄、郑州、浚县、随州、钟祥、岳阳、肇庆、佛山、梅州、雷州、柳州、琼山、乐山、都江堰、泸州、建水、巍山、江孜、咸阳、汉中、天水、同仁
中国第四批历史文化名城名单	山海关、凤凰县

在这公布的四批中国国家级历史文化名城中，共有101座城市入围。

以下以北京为例，对历史文化名城景观构成因素作出具体的分析。

北京是中国的首都，是全国的政治、经济、文化中心。它有着悠久的历史，是中华文化的重要发祥地。在西周时代，就有了现在的北京城，被称为蓟。在战国时期，它成为燕国的都城。五代时期，辽朝在此建立，将之称为“南京”，也叫作燕京。后金朝建立，又改名为中都。元朝少数民族政权入住中原，又将名称改为大都。明朝开始将其称为北平，后又改为北京。这是北京得名的整个过程。

明朝在1406年开始对北京城进行扩建，经过了长达15年的时间，终于在1421年完成，并正式迁都北京，改称京师。在1664年的时候，清军闯入关内，在北京定都。

1911年辛亥革命爆发，1922年中华民国成立，北京结束了作为都城的历史任务。1928年，北京又被改为北平。终于在1949年中华人民共和国成立的时候，北京成为最终的名称。

北京有着悠久的历史文化，是我国重要的古都之一，它的人文景观资源十分丰富，如圆明园、周口店中国猿人遗址、八达岭长城、故宫等。图3-5展示的就是北京皇城故宫的景观。

图 3-5

（二）城市布局景观

城市的总体规划和布局，是构成城市景观的主要内容。如北京城的分布，以中轴对称轴，进行严格统一的划分。广州市、上海市的布局就不是这种分布模式。

（三）城市地理景观

城市的建设必然要依托特定的自然环境，地理因素对城市的景观资源有着重要的影响。例如南京城北枕长江，南拥群山，有龙盘虎踞之势。

(四)城市全景景观

城市全景景观按照角度划分可以有两种:一种是通过河流、铁路、公路所见到的城市的外缘轮廓;另一种是通过城市鸟瞰所获得的城市全貌。

(五)城市广场景观

城市的广场景观是城市景观的一大特色。城市广场景观是一个开敞空旷的空间地带,主要由建筑物和道路环绕而成。广场景观也可以表现在某一时期的历史文化。意大利威尼斯的圣马可广场就被拿破仑誉为"欧洲最美丽的客厅",生动地表现了城市广场景观独特的作用。在中国与外国都有十分有代表性的城市广场景观资源。

1. 中国城市广场景观

不论是中国的古代还是近代,广场景观资源都十分丰富。其中到现在都一直是中国城市广场景观的代表就是天安门广场,它具有典型性,也最能反映出中国的广场发展历程。

明代初期北京天安门广场修建成功,它位于皇城正门前。到清代,广场平面呈"丁"字形,是闭合性的广场。在"丁"字形的三面各设置一个门,北面是天安门城楼,南面为大清门、正阳门,依傍着金水河,左右为长安左门和长安右门,周围用红墙封闭。其余为千步廊。在古代,它是象征封建帝王权威的地方,一般人是不得擅自闯入其中的。辛亥革命之后,人们才可以自由出入。

新中国成立后,它成为首都北京的中心广场,是中国最为典型的象征,国家的许多政治事件都会在这里举行。由于天安门广场的重要性,它一直都在被扩建,长达 50 年之久。如今,天安门广场面积已达 40 多公顷,成为目前世界上面积最大的广场。

天安门广场并不是一个孤立的建筑景观,人民大会堂、人民英雄纪念碑、国家博物馆和毛主席纪念堂都与之相呼应，形成一个整体的建筑群，体现了首都北京作为全国政治中心和文化中心的特征。

2. 外国城市广场景观

在西方，也有许多广场，它们是不同历史时期的产物，主要是进行商业、宗教活动，审判，发布公告和欢度节庆的场所。在广场中，一般都会有标志性的建筑景观。以下是比较典型的广场景观，分别是意大利圣马可广场景观（图 3-6）、古希腊的雅典广场景观（图 3-7）。

图 3-6

图 3-7

下面对古典主义时期的巴黎协和广场景观进行重点的分析。

巴黎的协和广场，是为纪念路易十五而建造的，所以也称作路易十五广场。广场位于塞纳河北岸，丢勒里宫的西侧。它的横轴与爱丽舍田园大道重合。在当时的年代，受意大利开放式广场及凡尔赛的影响，尤其是受英国风景式园林的影响，这一广场所呈现的新颖特点就是开敞性。广场面朝着塞纳河，周围空旷无物，只有一些简单的栏杆大致标出广场的边界。

广场的平面呈现正方形，在正方形的四角上分别抹去一部分，然后呈八角形，每个角上各有一座雕像，代表法国 8 个主要城市。在广场的北面，一对古典式建筑物赫然突出，把广场北面的大街衔接起来，构成了同爱丽舍田园大道垂直的次要轴线。马德兰教堂是它的北端底景。考虑到广场中间路易十五骑像的高度和雕塑的造型，广场上的建筑物都被有意地进行了设计，人们在广场南端观看铜像时，可以感受到路易十五骑着骏马在天空中驰骋的英雄气概。在雕像南北两侧，各自建造了一个喷水池。到拿破仑统治时期，协和广场才算是最后完成。它在巴黎市中心起到了非常重要的作用。1792 年，路易十五骑马的雕像被拆除。1836 年，在这一位置上树立了从埃及掠来的方尖碑(图 3-8)。

图 3-8

（六）城市街道景观

城市街道的分布对城市规划和城市景观起到至关重要的作用。城市街道都是纵横交错的，大街小巷构成街道景观的具体特色。每一个城市的街道景观都是不相同的。街道上的建筑景观体现这一国家的政治、经济、文化，每一个国家都有作为代表性的街道景观，如北京的长安街（图 3-9）。

图 3-9

街道的主要功能是交通性，但是除此之外，道路的两边还会设计一些路灯、喷水、雕像、绿化、休息地区等。在当代社会，道路可分为机动车街道和非机动车街道两类。交通方式的不同造成街道景观的差异。机动车行驶的街道，路面宽阔，两侧建筑物体量高大。而步行街道，是以人行为主，街道通常比较窄小，多为商业文化最集中的地段。

中国与外国都有著名的街道景观，下面对此分别举例说明。

1. 中国著名街道景观

（1）上海外滩。上海是我国最繁华的金融中心，上海的外滩被人称为“东方的华尔街”。上海外滩有许多家金融机构，是海内外著名的金融市场，形成了比较完善的金融网络。在 20 世纪 30

年代，上海就有近百家的钱庄、票号、银行、酒券交易所和信托投资公司。到了20世纪90年代，“外滩”实行了一系列的改革措施，古老的街道瞬间焕然一新。随着外滩现代化的建设，雕塑、绿地、喷泉都应有尽有。尤其是在晚上，霓虹灯五光十色，形成独特的夜景景观。

(2)苏州观前街。苏州是江南城市典型的代表，它有着悠久的文化历史。小桥、流水、人家是整个江南小镇区别于北方城镇的独特景观。而苏州除了园林景观，最有代表性的就是观前街，它集中体现了江南城市街道的特点，满街都是出售特产的店铺，包括丝绸、檀香扇、苏州刺绣等。此外，还有一些经营苏式饭菜和小吃的饭馆。

2. 外国著名街道景观

(1)巴黎香榭里舍大街。香榭里舍大街，是1670年建成的。用中文翻译过来就是田园乐土大街。这条街是巴黎的象征，也是整个巴黎城的灵魂。它将整个巴黎市的中心都串联起来。名胜古迹都围绕它而展开，大街东端连接协和广场，人们在大街的东端可以看到气势宏伟的波旁宫，与波旁宫相对的是世界最大的艺术博物馆卢浮宫。大街西端连接着戴高乐广场。目前在充满现代气氛的香榭里舍大街上还保留大量的古朴老字号店铺。

(2)纽约百老汇。一提起纽约，人们首先想到的就是百老汇。百老汇，英文翻译过来是“宽街”的意思。但是事实上，百老汇的街道并不都是宽阔的大道，它也有一些窄小的街道，道路两侧的大楼高耸入云。百老汇大街是世界戏剧的顶级之地，如同电影界中的好莱坞，是全世界表演艺术家和喜欢表演艺术的人士神往的地方。这条街连接着巴特里公园，横穿曼哈顿岛，是纽约南北向的主要街道之一。这里有代表美国金融巨头和商业大亨的许多划时代的建筑物，如纽约世界贸易中心、华尔街证券交易所、时报广场和麦迪逊广场等，还有银行、大戏院、夜总会、事务所、大报社以及电光广告牌等，是纽约商业、文娱的总汇之地。

（七）城市建筑群景观

城市景观的核心要素就是城市建筑群景观。这些建筑群通常是分布在道路两侧，有时也集中分布，主要有住宅建筑群、公共建筑群、宗教建筑群和商业建筑群等。

五、古代园林建筑景观资源

园林建筑景观是人工环境和自然环境结合而成的建筑景观，它常出现在宅园、庭院以及森林等环境之中。

古代园林建筑景观在中西方有着不同的差异。以下重点介绍中国与外国有代表性的古代园林建筑景观。

（一）中国古代园林建筑景观资源

中国式园林建筑景观具有悠久的历史，园林建筑风格独特，自成一家，形成山水园林。下面介绍几个具有代表性的中国古代园林建筑景观。

1. 颐和园

位于北京的西郊，占地290公顷。它是以昆明湖、万寿山为基址，以杭州西湖为模仿对象，采用江南园林的意境和设计手法，而建造的一座大型天然山水园林。

2. 圆明园遗址

圆明圆位于北京西北郊，占地面积347公顷。它是清代北京五座离宫别苑即“三山五园”中规模最大的一座。整个园区都是由人工砌筑而成，大量使用中国古典园林建造的各种手法，吸收了江南园林的精华，创造出完整的山水园林景观。园中还设置宫殿、戏院、藏书楼、住宅、庙宇、店肆、西洋楼、喷泉和山村等。1860年，英法联军侵入北京，抢劫烧毁圆明园，只留下残壁断垣。

3. 苏州园林

苏州园林是中国古典园林中最典型的代表。苏州园林的发展要比中原略迟。在春秋以后逐渐兴起建造私家园林,至东晋唐宋至明清建园之风更盛,建造水平空前。其中建造艺术水平最高的就是苏州拙政园、狮子林、留园、沧浪亭、网师园等(图 3-10～图 3-12)。

图 3-10

图 3-11

图 3-12

（二）外国古代园林建筑景观资源

外国古代园林建筑景观资源丰富，具有代表性的主要有西亚式园林建筑景观、希腊式园林建筑景观、欧式园林建筑景观等。其中，西亚式园林建筑景观，以围绕水池建筑为核心，由猎苑逐渐演变为游乐性波斯园林，最终形成伊斯兰式园林建筑景观。

希腊式园林建筑景观，是古希腊借鉴西亚造园方法而建成的，后来逐渐发展形成山庄园林。欧式园林建筑景观多是在古希腊、古罗马建筑艺术的基础上形成的。

下面介绍几种著名的外国古代园林建筑景观。

1. 古希腊园林

在古希腊时代，贵族们通常都有自己的花园。他们在园中种植果树、蔬菜，并且把溪水引入园中。园中以柱廊环绕，配置有凉亭、座椅、小径、雕塑、瓶饰、神像、喷泉等。

2. 巴比伦空中花园

巴比伦空中花园建于公元前 6 世纪，此园建有由不同高度的越向上越小的台层组合成剧场式的建筑物。每个台层以石拱廊支撑，拱廊架在石墙上，拱下布置成精致的房间，台层上面覆土，种植各种树木花草。它被誉为世界七大奇观之一。

3. 古罗马花园

它是在古希腊园林建造的影响下发展形成的，结构与风格都与古希腊相类似，它的功用主要也是作为当时的贵族游玩、休憩的场所。它的整个园林设计都是规则的几何形，包括地形、水景、植物等。

4. 英国自然风景园林

英国自然风景园林是指英国18世纪发展起来的自然风景园林。这种风景园林以开阔的草地、自然式种植的树丛、蜿蜒的小径为特色。

5. 日本庭园

日本庭园主要受到来自中国园林建筑的影响，后经过长期的发展，才有了本民族特色的创新，形成了日本风格的园林建筑。早期有掘池筑岛的传统，喜欢在池中设岩岛，池边置叠石，池岸和池底敷石块，环池布置屋宇。日本园林形式主要有林泉式、筑山式、平庭、茶庭和枯山水等。

第四章　环境景观种植设计

景观种植就是“在景观环境中进行自然景观的营造，即按照植物生态学原理、景观艺术构图和环境保护要求进行合理配植，创造各种优美、实用的景观空间环境，以充分发挥景观综合功能和作用，尤其是生态效益，使人居自然环境得以改善”[①]。景观种植设计是实现景观功能和创造生态环境的重要手段，是环境景观建设的首要任务，对环境景观的质量水平和生态效益有直接影响。本章即对环境景观种植设计的相关内容进行阐述。

第一节　环境景观种植设计概述

一、环境景观种植设计的基本类型

（一）根据景观植物生境分类

按景观植物生境可将环境景观种植设计分为陆地景观植物种植设计和水体景观植物种植设计。

1. 陆地景观植物种植设计

陆地景观植物种类丰富多样，一般园林中多用陆地景观植物。

---

① 黄春华：《环境景观设计原理》，长沙：湖南大学出版社，2010年，第184页。

陆地生境地形分为山地、坡地和平地三类。山地多用乔木造林；坡地多用灌木丛或者树木地被等；平地多用花坛、花境、树丛等。

2. 水体景观植物种植设计

水体景观植物种植设计是对湖泊、河沼、池塘以及人工水池等水体环境进行植物种植设计。水生植物根据生活习性和生长特性的不同，可分为浮叶植物、挺水植物、漂浮植物和沉浮植物四类。

（二）根据景观植物应用类型分类

1. 草本花卉种植设计

草本花卉种植设计是指对草本花卉进行设计，强调表现草本花卉的色彩美、装饰美，以烘托园林气氛。具体造景类型有花坛（图 4-1）、花台（图 4-2）、花境、花池、花丛、花柱、花钵（图 4-3）、花球、花瓶（图 4-4）、吊盆以及其他装饰花卉景观等。

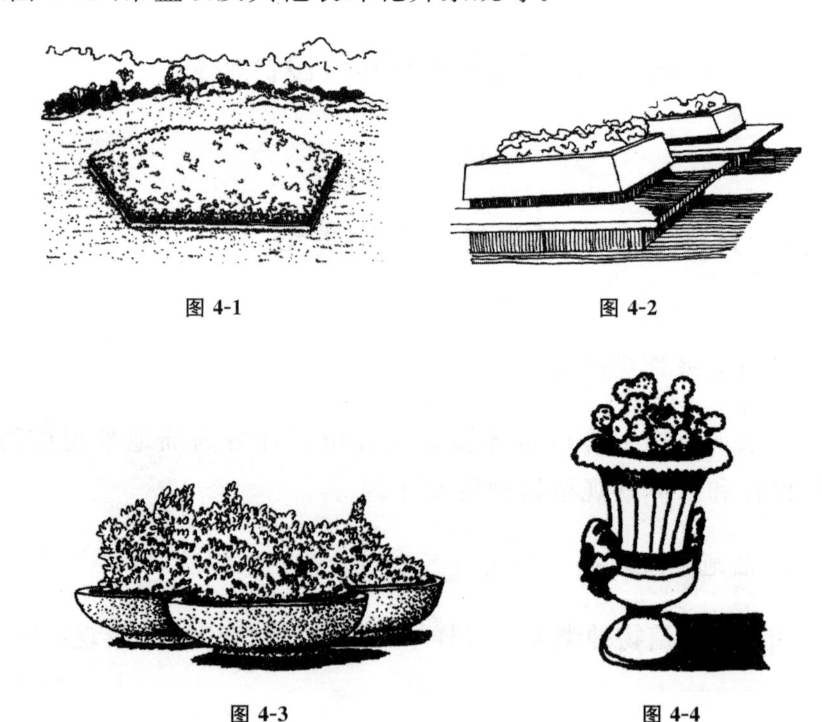

图 4-1　　图 4-2

图 4-3　　图 4-4

2. 木本植物种植设计

木本植物种植设计是指对各种景观树木(包括乔木、灌木及木质藤木植物等)进行设计。按景观形态与组合方式又可将木植物种植设计分为孤植树(图 4-5)、对植树(图 4-6)、树群、树丛(图 4-7)、树林、绿篱(图 4-8)等景观设计。

图 4-5

图 4-6

图 4-7

图 4-8

3. 蕨类与苔藓植物种植设计

蕨类与苔藓植物种植设计指利用蕨类植物和苔藓植物进行设计,多用于林下或阴湿环境中,如凤尾蕨、贯众、肾蕨、翠云草、波斯顿蕨、铁线蕨等。

（三）根据植物应用空间环境分类

1. 室内庭园种植设计

室内庭园种植设计多运用于大型公共建筑等室内环境布置，其在设计时必须考虑到空间、阳光、空气、土壤等对景观植物的限制，以及景观植物对室内环境的装饰作用。

2. 户外绿地种植设计

户外绿地种植是景观种植设计的主要类型，“设计时除考虑人工环境因素外，应更加注重运用自然条件和规律，创造稳定持久的植物自然生态群落景观”[①]。

3. 屋顶种植设计

屋顶种植设计是指在建筑物屋顶铺填培养土进行植物种植的方法。屋顶种植又分屋顶花园种植和非游憩性绿化种植两种形式。

二、环境景观种植设计的基本形式

环境景观种植设计的基本形式有以下三种。

（一）自然式

自然式指植物景观的分布没有一定的规律性，充分发挥植物自然生长的姿态，充分考虑到植物的生态习性，以自然植物生态群落为蓝本，创造出生动活泼、清幽典雅的自然植物景观。这种景观布置常用于自然式庭院、居住区绿地、综合性公园安静休息区等。

① 黄春华:《环境景观设计原理》,长沙:湖南大学出版社,2010年,第188页。

（二）规则式

规则式指植物景观一般按照成行或成列等距离排列，具有整齐、庄重和人工美的特点。这种植物景观布置多以图案式为主，草坪平整而具有直线或者几何曲线形边缘，花坛则多为几何形或者大规模的花坛群。

规则式又分规则对称式和规则不对称式两种。所谓规则对称式是指植物景观的布置有明显的对称轴线或者对称中心，具有雄伟、庄严、肃穆的艺术效果，这种景观布置常用于大型建筑物环境、纪念性园林中。所谓规则不对称式是指植物景观的布置没有明显的对称轴线或者对称中心，景观布置虽然整体规整，但也有一定的变化，街头绿地常用这种形式的景观设计。

（三）混合式

混合式结合了规则式和自然式的优点，既有整洁清新、色彩明快的整体效果，又有变化无穷、丰富多彩的自然景色。

混合式植物景观设计根据规则式和自然式各占比例的不同，又分三种情形：一是自然式为主结合规则式，二是规则式为主点缀自然式，三是规则与自然并重式。

三、环境景观种植设计的基本原则

（一）尊重自然、保护利用的原则

环境景观种植的设计要建立在尊重自然，保护自然生态环境的基础上。人类只有在保护环境的基础上，合理地开发和利用自然资源，才能真正改善和提高生存和生活环境。景观种植设计也只有在保护和利用自然植被的基础上，才能创造出具有自然美和和谐美的景观空间。

（二）种类多样、季节变化的原则

大多数的景观植物都会随着季节的更替而发生变化，景观种植设计也应该考虑到季节变化，采用较多的植物种类，使园林环境在不同的季节都有其代表性的景观。

1. 考虑四季景色变化

考虑到景观植物多数会随着季节变化，因此，在设计时，可分区分段配置，在每个分区或者地段突出一个季节植物景观主题，尤其是在重点地区，应使四季皆有景可赏。

2. 种植植物要从总体着眼

在种植植物时，还要从总体着眼，要处理好其与建筑、山水、道路之间的关系，在对植物个体进行选择时，也要考虑其高矮、大小、轮廓等。另外，在配置植物时，不仅要注意配置时的疏密和轮廓线，还要重视植物的景观层次以及远近观赏效果。

3. 注重植物在观形、赏色、闻味上的效果

景观植物拥有丰富多样的形态，其观赏特性也各不相同，有的欣赏树木奇特的形态，有的欣赏春秋彩色树叶，有的欣赏花卉的浓郁香味，等等。因此，在设计时，必须全面考虑植物的观赏特性，科学地对这些植物进行配置，以最大限度地发挥它们的观赏价值。

（三）合理布局、满足功能的原则

景观种植设计首先必须要从该景观植物的性质和功能出发，对不同类型的景观植物进行合理布局，满足其功能要求。例如，综合性公园由于具有观赏、活动和休息等不同的功能，因此要对应各种不同的功能设置相应的花坛、花境、大草坪、山水丛林等植物景观。

（四）尊重科学、符合规律的原则

景观种植设计必须尊重科学，特别是要符合生态科学的规律。科学合理地处理好植物个体与个体之间、个体与群体之间、群体与群体之间以及个体、群体与环境之间的关系，充分发挥每一种植物在环境中的作用，维持或创造各种持久、稳定的植物群落景观，造就和谐优美、平衡发展的生态系统。

（五）密度适宜、远近结合的原则

树木之间的密度也会影响到环境景观功能的发挥，因此，应根据成年树木树冠的大小来决定种植距离。在树木配置上，一般采用快长树和慢长树适当配置的方法来解决远近期过渡的问题。另外，还要兼顾常绿树和落叶树、乔木和灌木等不同树种之间的搭配，满足不同树种的生长要求，否则很难取得良好的效果。

（六）因地制宜、适地适物的原则

景观种植设计要因地制宜，根据不同的环境和资源条件，考虑不同植物的生态习性、生长规律，选择合适的植物种类。

1. 利用不同类型的植物创造植物景观

植物景观设计应充分利用不同类型的植物创造植物景观，如水生植物、地被植物、乔木、灌木、草本植物等，采用多层次、科学的景观植物配置。这样既可以丰富植物景观的物种多样性，还可以增加植物造景的艺术效果。

2. 以乡土树种为主，外来树种为辅

在植物景观设计时，应以乡土树种为主，形成具有地方特色的植物景观，这样既可以提高绿地的生物量，也可以通过乡土植物造景反映地方季节变化。但是，以乡土树种为主，并不意味着

排斥外来树种。引进外来优良树种是丰富地方景观植物种类的重要措施。景观种植设计需要不断注入新的血液，才能保持活力。

3. 多维空间植物造景

由于我国目前城镇用地紧张，高层建筑的数量不断增加，平地绿化面积减少，垂直绿化是目前流行的趋势。垂直绿化不仅“能增加建筑物的艺术效果，使其更加整洁美观、生动活泼，而且占地少、见效快、绿化率高，对增加绿化面积有明显的作用”[①]。

第二节　环境景观种植的具体设计

一、草本植物景观种植的具体设计

在这里，主要对花坛、花台、花境、花丛、花池、草坪等草本植物景观种植的设计进行分析。

(一)花坛设计

花坛是在“具有几何轮廓的植床内种植各种不同色彩的植物，运用植物的群体效果来体现图案纹样，或观赏盛花时绚丽景观的一种植物应用形式”[②]。花坛是庭院布置中的重点部分，也是城市绿地环境建设的重要配景。

1. 花坛的类型

根据花坛设计的布置形式不同可将花坛分为独立花坛、组合花坛和带状花坛。

---

① 黄春华：《环境景观设计原理》，长沙：湖南大学出版社，2010年，第190页。

② 黄春华：《环境景观设计原理》，长沙：湖南大学出版社，2010年，第193页。

(1)独立花坛

独立花坛是指作为空间构图中的一个主景而独立存在的花坛。独立花坛的外形一般为几何形,如三角形、半圆形、正方形、长方形、六角形等。独立花坛通常为轴对称或中心对称设计,可供多面观赏,呈封闭式(图 4-9)。

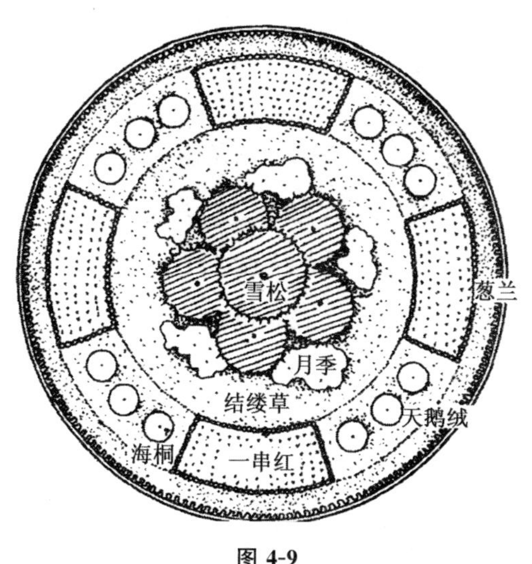

图 4-9

独立花坛一般布置于广场中心地带、道路交叉口以及绿地空间构图的中心位置。根据花坛中花卉景观内容的不同,独立花坛可分为盛花花坛、模纹花坛和混合花坛三种形式。

①盛花花坛

盛花花坛是指花坛内种植的植物具有整体的绚丽色彩和优美的外观,有群体美的观赏效果。盛花花坛的外形主要是几何图形或几何图形的组合,其内部图案简洁,轮廓鲜明,可以体现整体色块效果。花坛内种植的花卉应具有明亮鲜艳的花色,如果同时栽种几种不同的花卉时,它们之间要具有明显的界限,相邻的花卉颜色对比要强烈。

②模纹花坛

模纹花坛(图 4-10)是“采用不同色彩的观叶或花叶兼美的草本植物以及常绿小灌木等种植组成,以精美图案纹样为表现主题的花坛。”[①]模纹花坛可分为平面模纹花坛和立体模纹花坛两种设计形式。

图 4-10

平面模纹花坛是“将花坛植物修剪成整齐的平面或曲面，并具有毛毡一样的图案纹样或修剪成凹凸相间的浮雕样花纹的模纹花坛”[②]。平面模纹花坛多采用低矮的观叶植物和常绿小灌木。平面模纹花坛一般布置于俯视观赏的地方或者斜坡上，以取得较好的观赏效果。

立体模纹花坛是“在花坛中设计钢筋、竹、木等造型骨架，架内填培养土种植观叶观花植物，创造动物、饰瓶、花篮、时钟（又称花钟）、塑像等各种立体造型的模纹花坛”[③]。“立体模纹花坛设计以立体造型为表现主题，所以一般面积较小，直径（或长轴）通常为 4～6m，造型高度可达 2～3m。花坛植床围边高度 10～20cm。”[④]立体模纹花坛通常布置于大型建筑物前、道路交叉口、小游园以及公共庭园视线交点处等，成为园林局部空间的主景。

③混合花坛

混合花坛是指盛花花坛与模纹花坛相结合的设计形式，其特

① 黄春华:《环境景观设计原理》，长沙:湖南大学出版社，2010 年，第 194 页。

② 同上。

③ 同上。

④ 黄春华:《环境景观设计原理》，长沙:湖南大学出版社，2010 年，第 195 页。

点是既有华丽的色彩,又有精美的图案纹样,观赏价值较高。

(2)组合花坛

组合花坛是一种由多个花坛按照一定的关系组合而成花坛。组合花坛中的各个花坛一般呈轴对称或者中心对称分布,如果呈轴对称,则各个花坛排列于对称轴两侧,如果呈中心对称,则各个花坛是围绕一个对称中心排列。组合花坛一般运用于较大的规则式园林景观植物设计,或者布置在大型广场和公共建筑设施前。组合花坛各花坛之间的空地还可以设置座椅、坐凳等,供人们休息(图 4-11)。

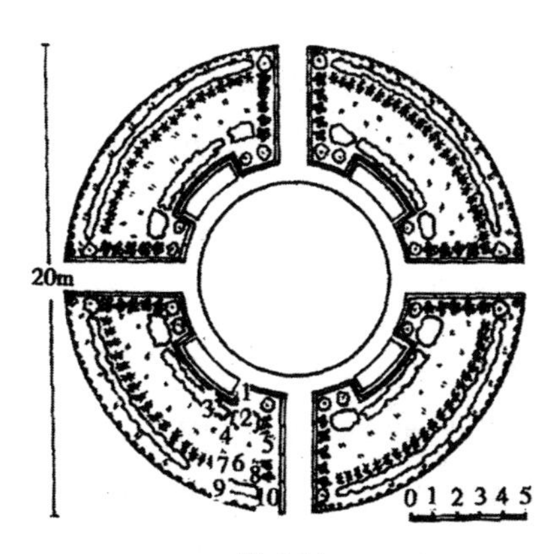

图 4-11

1—栀子花;2—桂竹香;3—蜀葵;4—勿忘我草;5—金鱼草;6—矢车菊;7—金盏菊;8—茼蒿菊;9—中华石竹;10—雏菊

(3)带状花坛

带状花坛是指花坛设计宽度在 1m 以上,长宽比大于 3∶1 的长条形花坛。带状花坛一般布置在较宽阔的道路中央或两侧、规则式草坪边缘、建筑广场边缘、建筑物墙基等处(图 4-12)。

带状花坛根据花坛设计的空间位置还可分为以下几种类型。

①平面花坛

平面花坛是指花坛的表面与地面平行,观赏的主要是花坛的平面效果。

②斜面花坛

斜面花坛是指花坛设置在坡地或者阶地上,花坛表面是倾斜的。

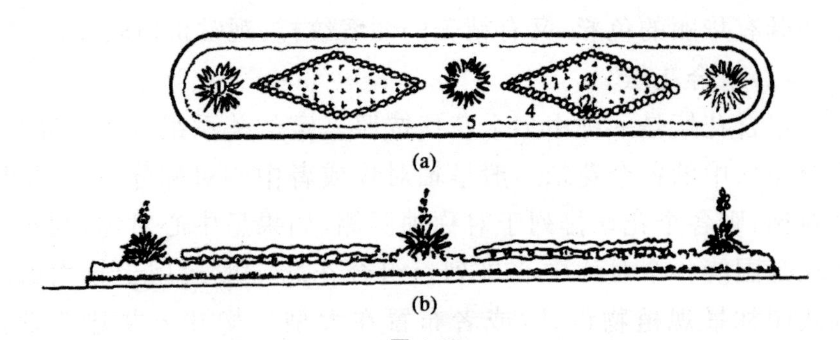

图 4-12

1—凤尾兰；2—百日草；3—鸡冠花；4——一串红；5—葱兰

③立体花坛

立体花坛是指花坛向空间伸展，具有竖向景观。这一类型的花坛常用模纹花坛的手法，利用草本植物制造出如动物、花篮、亭子、船等不同的造型。

2. 花坛植物设计的要求

(1)考虑周围的环境和花坛所处的位置

花坛植物设计首先要考虑花坛周围的环境以及花坛在整个造景中的位置。如果花坛是作为主景，那么花坛的色彩、图案就可以丰富多彩一些；如果花坛是作为雕塑、纪念碑等建筑的背景，那么其色彩、图案就应该恰如其分，不可喧宾夺主。

(2)花坛的色彩要与主景协调

花坛在颜色的配置上，一般认为红、橙、粉、黄等暖色调给人以欢快活泼、热情温暖之感；蓝、紫、绿等冷色调则给人以庄重严肃、深远凉爽之感。在学校、公园等处的花坛就应该种植色调鲜艳多彩的花卉。

另外，同一个花坛内的色彩种类不宜过多过杂，一般面积小的花坛，可用 1～2 种颜色的花卉，面积大的花坛可用 3～5 种颜色的花卉。

(二)花台设计

1. 花台的概念

花台是指高出地面种植花木的一种景观形式。花台与花坛类似，但面积较小，常布置在庭院中做厅堂的对景和入门的框景，或者运用于道路交叉口、广场以及其他突出醒目便于观赏的地方。

2. 花台的类型

(1)规则式花台

规则式花台的外形有椭圆形、圆形、矩形、正方形、正多角形、带形等。这类花台常常布置于规则式庭院或者广场前的规则式绿地上。一个规则式花台内一般只栽种一种园林植物，“除一、二年生植物及宿根、球根类植物外，木本花卉中的牡丹、月季、杜鹃、凤尾竹等也常被选用”[①]。由于花台高出地面，所以可以种植一些低矮的、枝叶下垂的花卉，如美女樱、书带草、天门冬等。

(2)自然式花台

自然式花台是指将花台看作一个大盆景，按照中国传统的盆景造型，其构图不重色彩的华丽，以艺术造景和意境取胜。自然式花台常运用于古典式园林中。

自然式花台(图 4-13)的设计灵活自由、变化有致，花台内多种植松、竹、梅、杜鹃、牡丹、芍药、南天竹、月季、玫瑰等，还可适当点缀一些假山石，如钟乳石、石笋石等。

图 4-13

① 黄春华：《环境景观设计原理》，长沙：湖南大学出版社，2010 年，第 201 页。

(三)花境设计

1. 花境的概念

花境是“以多年生草花为主,结合观叶植物和一、二年生草花,沿花园边界或路缘设计布置而成的一种植物景观”[①]。花境是介于规则式与自然式之间的一种带状花卉景观设计形式,其广泛运用于建筑物基础墙边、台阶两旁、道路两侧、斜坡地、挡土墙边、水畔池边、林缘、草坪边与植篱、游廊等处(图4-14)。

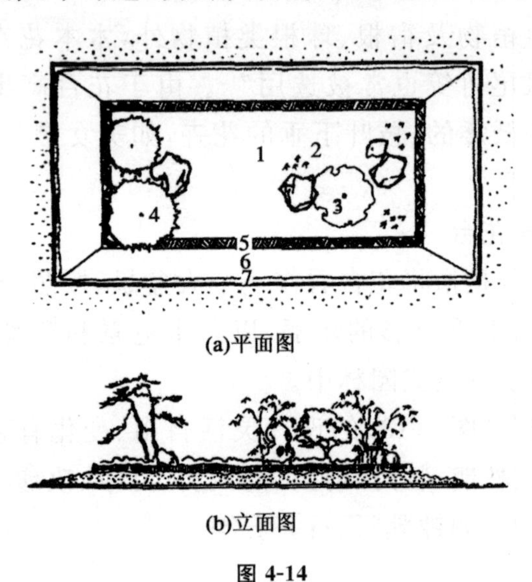

(a)平面图

(b)立面图

图 4-14

1—紫茉莉;2—刚竹;3—鸡爪槭;4—黑松;5—小叶黄杨;6——串红;7—葱兰

2. 花境的类型

花境因设计的观赏面不同,可分为单面观赏花境和两面观赏花境等种类。

(1)单面观赏花境

单面观赏花境宽度一般为 2～4m,其植物配置形成一个斜

① 黄春华:《环境景观设计原理》,长沙:湖南大学出版社,2010年,第198页。

面，低矮植物在前，高的在后，供游人单面观赏。

(2)两面观赏花境

两面观赏花境宽度一般为4～6m，其植物配置为中央高，两边较低，可供游人从两面观赏。

3. 花境设计的要求

(1)花境设计首先要确定平面，讲究构图完整。花境中的花卉对高度要求不严，花卉的花期要具有多样性，能反映出季节的变化。

(2)花境的植床要与周围地面基本相平，中央可稍微凸起，坡度为5%左右，以利排水。

(3)如果花境有围边，其植床长度应根据周围环境而定，一般不宜超过6m。

4. 花境植物材料的选择和要求

花境宜选择一些在当地露天越冬、不需特殊管理的宿根植物，也可选择一些小灌木及球根植物和一、二年生植物，如石蒜、玉簪、紫菀、荷兰菊、萱草、鸢尾、矮生美人蕉、芍药、金鸡菊、大丽花等。花境设计还要考虑同一时节植物在色彩、姿态、性状等方面要搭配得当，花色层次分明，植株高低错落有致。另外，花境的外围最好有一定的轮廓，在轮廓的边缘可种植一些麦冬、葱兰、沿阶草等作为点缀，以丰富花境的观赏层次。

(四)花丛设计

1. 花丛的概念

花丛是指花卉成丛种植的景观形式。“花丛没有人工修砌的种植槽，从外形轮廓到内部植物配置都是自然式的，属纯自然式的景观应用形式。”①

① 黄春华:《环境景观设计原理》，长沙:湖南大学出版社，2010年，第201页。

2. 花丛设计植物种类选择

花丛植物在种类的选择上“要求植株茎秆必须挺拔直立，叶丛不能倒伏，花朵或花枝应着生紧密，以宿根或球根类花卉为宜”[①]。常用的花卉有水仙、芍药、萱草、鸢尾、百合、风信子、郁金香、石蒜、葱兰、文殊兰等。

3. 花丛布置场所

花丛的应用十分广泛，它借鉴了自然风景区野花散生的景观，可以布置在岩石中、大树脚下、溪水边等，以便将自然景观相互连接起来，最终加强园林布局的整体性。

（五）花池设计

花池是在特定种植槽中栽种花卉的景观形式，其外形轮廓既可以是自然式的，也可以是规则式的。

自然式花池外部种植槽的轮廓和内部植物配置都是自然式的。这种花池常见于古典式园林中，其种植槽多由假山石围合，池中种植的花卉以传统木本名花为主体，衬以宿根草花。例如，以松、竹、腊梅等为主体，衬以吉祥草、书带草、兰花等。

规则式花池外部种植槽的轮廓是规则式的，内部植物配置是自然式的。这类花池形式灵活多变，植物选用更加广泛，常见于现代园林中，有的是独立的，有的与其他园林小品相结合，如花池与栏杆、踏步结合，以创造更多的绿化面积。

（六）草坪设计

1. 草坪的概念

草坪是“用多年生矮小草本植物密植，经人工修剪、碾压、剔

---

① 黄春华：《环境景观设计原理》，长沙：湖南大学出版社，2010 年，第 202 页。

除杂草而形成的平整的人工草地”①。草坪又被称为“草皮”“草地”“草坪地被”等。

2. 草坪的类型

(1)按用途分

草坪按其用途可分为游憩草坪、观赏草坪、运动场草坪和护坡护岸草坪。

游憩草坪是供人休息、游戏及户外活动的草坪。一般多布置于公园、小游园等处，多选用韧性大、较耐踩踏的草坪植物，如狗牙根、野牛草等，并且要经常进行修剪。

观赏草坪是指专供观赏的草坪。一般采用绿色周期长、具有较高观赏价值的草坪植物，如早熟禾、羊胡子草、紫羊茅等。

运动场草坪是专供体育活动之用的草坪，如高尔夫球场、足球场等。不同体育项目要求选用不同的草坪植物，有的要选用草叶坚韧的，有的要选用草叶细致的，有的要选用地下茎发达的。

护坡护岸草坪是指用来防止水土流失的草坪，常见于坡地、水岸边，多选用生长迅速、根系发达的草坪植物。

(2)按草坪植物的组成分

根据草坪植物的组成可分为纯一草坪、混合草坪和缀花草坪。

纯一草坪是指由单一草坪植物组成的草坪。

混合草坪是由两种以上的草坪植物所组成的草坪。

缀花草坪是“在以禾本科植物为主体的草地上混种少量开花艳丽的多年生草本植物，如水仙、石蒜、葱兰、韭兰、酢浆草等，构成缀花草坪”②。这类草坪多用于游憩、观赏及护坡护岸。

(3)按草坪的形式分

根据草坪的形式可将其分为自然式草坪和规则式草坪。

---

① 黄春华：《环境景观设计原理》，长沙：湖南大学出版社，2010年，第203页。

② 黄春华：《环境景观设计原理》，长沙：湖南大学出版社，2010年，第204页。

自然式草坪表面地形有一定的起伏，外形轮廓曲直自然。

规则式草坪表面平坦，外形多为几何图形。适用于运动场、城市广场、公园规则式绿地中。

3. 草坪设计的植物种类

草坪的主体是草坪植物，主要是一些具有较强适应性的矮性禾本科植物，多数为多年生植物，如结缕草、野牛草、狗牙根、多年生黑麦草、高羊茅、剪股颖等。也有少数一、二年生植物，如一年生早熟禾、一年生黑麦草等。

二、木本植物景观种植的具体设计

在这里，主要对孤植树、对植树、行道树、行列栽植、树丛、树群、树林、林带、绿篱及绿墙、攀缘植物等木本植物景观种植进行分析。

（一）孤植树设计

孤植树是指乔木的孤立种植类型，是用一株树木单独种植设计成景的树木景观。“孤植树是作为局部空间的主景构图而设置的，在外观上要挺拔繁茂，雄伟壮观，并表现自然生长的个体树木的形态美、色彩美；在功能上以观赏为主，同时也具有良好的遮阳效果。”[①]

1. 孤植树的设计环境

孤植树宜设计在大草坪上或者道路交叉口、广场中心、坡路转角处。其种植的位置一定要有比较开阔的空间，同时还要有比较合适的观赏点。

孤植树虽然是相对独立成景，但它并不是完全独立的，而与

① 黄春华：《环境景观设计原理》，长沙：湖南大学出版社，2010 年，第 206 页。

周围环境其他景物既有对比，又有联系，共同统一于整个绿地构图中。在设计时，最好有天空、水面、草地等变化有致的景物环境作为背景衬托，以突出孤植树的姿态、色彩等方面的特征。

2. 孤植树设计的树种选择

孤植树应选择具备以下几个基本条件的树木："植株的形体美而较大，枝叶茂密，树冠开阔，或是具有其他特殊翟赏价值的树木；生长健壮，寿命很长，经受得起重大自然灾害，宜多选用当地乡土研种中久经考验的高大树种；树木不含毒素，没有带污染性并易脱落的花果，以免伤害游人，或妨害游人的活动。"[①]常见适宜作孤植树的树种有悬铃木、香樟、榕树、雪松、朴树、银杏、广玉兰、七叶树、金钱松、油松、薄壳山核桃、云杉、桧柏、枫香、白桦、白皮松、枫杨、乌桕等。

另外，在各类环境景观设计中，要充分利用原有大树，特别是一些古树，这一方面是为了保护古树名木不被破坏，另一方面是因为这些古树名木本身具有不可替代的观赏价值和历史价值。在没有现成大树可利用的情况下，尽量选用附近可取得的符合要求的大树，并在设计时对树木的名称、形态、生长状况等作详细说明。

(二)对植树设计

对植是指"将两株树按照一定的轴线关系对称或均衡种植的方式"[②]，常应用于园林绿地的路端、建筑入口、公园两侧、规划式花园出入口、庭院左右等。

1. 对植树的设计形式

根据绿地空间布局的不同形式，对植树设计分规则对称式和不对称均衡式两种。

---

① 黄春华：《环境景观设计原理》，长沙：湖南大学出版社，2010年，第207页。

② 黄春华：《环境景观设计原理》，长沙：湖南大学出版社，2010年，第208页。

(1)规则对称式对植

规则对称式对植的布局严格按照对称轴线布置,采用的是同一树种、同一规格的树木。两树的连线和轴线垂直并被轴线等分,具有庄重、工整的构图美,多用于规则式庭园绿地中(图 4-15)。

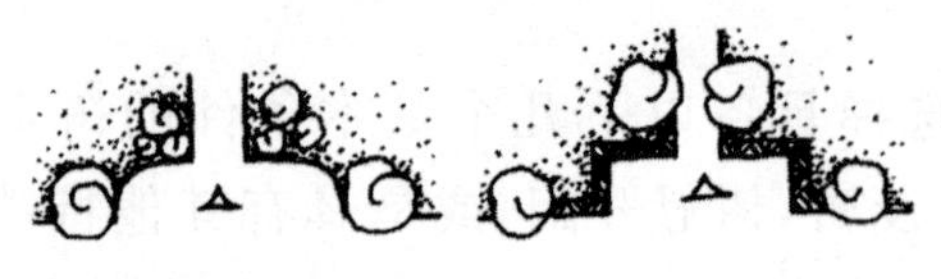

图 4-15

(2)不对称均衡式对植

不对称均衡式对植在布局上两侧不完全对称布置,可有变化。它“是以主体景物中轴线为支点取得均衡关系,分布在构图中轴线的两侧且必须是同一树种,但大小和姿态必须不同,动势要向中轴线集中。与中轴线的垂直距离,大树近,小树远。两树栽植点连成直线,不得与中轴线成直角相交,显得自由活泼,能较好地与自然空间环境取得协调”[①](图 4-16)。

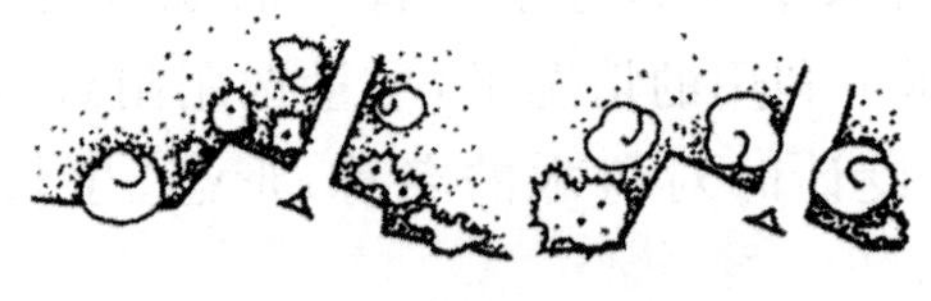

图 4-16

2. 对植树设计的树种选择与应用

对植树设计一般要求树木树冠整齐、花叶娇美,形态美观。其中,规则对称式宜选用树冠整齐的树种,如雪松、龙柏等,或者选用可进行修剪的树种进行人工造型;不对称均衡式对树种的要求较为宽松。

对植树在设计时,要充分考虑树木种植的位置和空间,既要满足树木生长的空间需求,又不影响其功能的发挥。例如,在建筑入口处设置对植树,其距离建筑墙面既要有足够的生长空间,

① 黄春华:《环境景观设计原理》,长沙:湖南大学出版社,2010 年,第 208 页。

“一般乔木距建筑物墙面要5m以上，小乔木和灌木可适当减少（距离至少2m以上）”[①]，又不能影响人员进出。

（三）行道树设计

行道树是按一定间距列植于道路两侧或分车绿带上的乔木景观。

1. 行道树设计的道路环境

行道树设计的道路环境需考虑自然因素和人工因素。自然因素包括水分、光照、空气、温度、土壤等，人工因素包括路面铺筑物、地下埋藏管线、交通设施、车辆、人流等。在设计时，需要对这些环境因素及其影响作用做充分调查，为行道树设计提供依据。如图4-17显示的是架空线对行道树景观的影响。

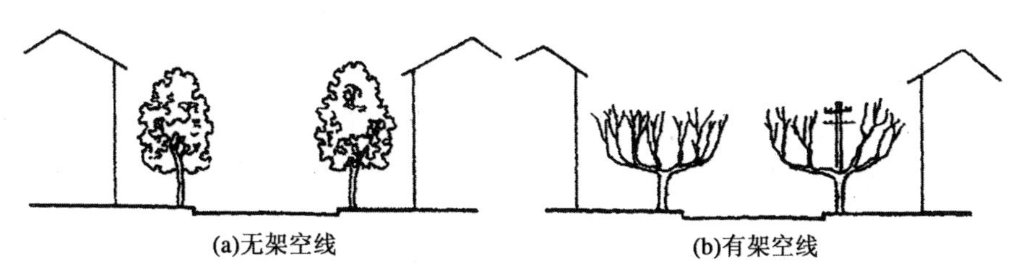

图 4-17

2. 行道树的设计形式

根据道路绿地形态不同，行道树的设计形式通常分为两种，即树池式和绿带式。

（1）树池式

树池式是指“在人行道上设计排列几何形的种植池以种植行道树的形式”[②]。树池面积较小，一般为正方形、长方形或者圆形。“树池规格因道路用地条件而定，一般情况下，正方形树池以1.5m×1.5m较为合适，最小不小于1m×1m；长方形树池以

① 黄春华：《环境景观设计原理》，长沙：湖南大学出版社，2010年，第208～209页。

② 黄春华：《环境景观设计原理》，长沙：湖南大学出版社，2010年，第211页。

1.2m×2m为宜,圆形树池直径则不小于1.5m"[①]。

(2)绿带式

绿带式是指在道路两侧,位于车行道与人行道之间、人行道或混合道路外侧设置带状绿地,种植行道树。带状绿地宽度因周围环境不同可宽可窄,一般不小于1.5m。为了丰富道路景观植物的结构层次,提高环境美化效果。可以在行道树绿带中间植一些花灌木或者常绿灌木。

3. 行道树设计的树种选择

行道树的树种选择应能够体现保护和美化环境的功能,宜选用一些适应性强、树冠宽大、姿态优美、无污染性以及无花粉过敏或者过敏性较少的树种。常见行道树树种有"广玉兰、国槐、悬铃木、雪松、栾树、香樟、圆柏、榉树、榔榆、水杉、白蜡、火炬松、油松、南洋杉、木棉、凤凰木、木菠萝、羊蹄甲、合欢、柳杉、银杏、白玉兰、银桦、女贞、棕榈、大王椰子、假槟榔、榕树、鹅掌楸、枫香、桉树、白桦、薄壳山核桃、无患子、臭椿、泡桐、七叶树、樱花、金钱松、南京椴、重阳木、木麻黄、黄连木、三角枫、五角枫、梧桐等"[②]。

(四)行列栽植设计

行列栽植指树木按照一定的株行距成排种植。行列栽植是规则式园林绿地中应用最多的基本栽植形式。它常布置于建筑物旁、道路边、花坛、分车绿带、绿地边界等处。

1. 行列栽植的设计形式

行列栽植的设计形式分为两种,即单纯树行列栽植和混合树行列栽植。

单纯树行列栽植是指用同一树种进行排列种植设计。这一类型具有强烈的统一感,景观形态简洁流畅,缺点是容易产生单

① 黄春华:《环境景观设计原理》,长沙:湖南大学出版社,2010年,第211页。

② 黄春华:《环境景观设计原理》,长沙:湖南大学出版社,2010年,第210页。

调感。

混合树行列栽植是用两种以上的树种进行相间排列种植设计。这一类型因树种的不同,会产生色彩、形态等方面的变化,具有高低错落、韵律变化的特点(图 4-18)。

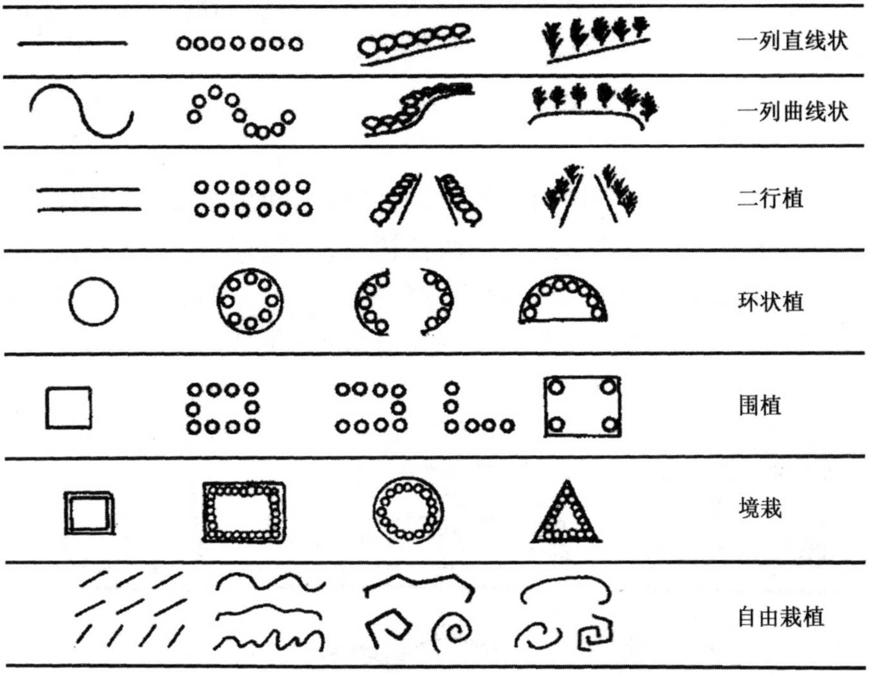

一列直线状
一列曲线状
二行植
环状植
围植
境栽
自由栽植

图 4-18

2. 行列栽植的树种选择与应用

行列栽植在设计时宜采用树冠体形整齐、个体生长差异小、耐修剪的树种,不宜选用树冠不整齐、枝叶稀疏的树种。当行列栽植延伸线较短时,一般只选用一种树木,如果选用两种树木时,最好采取乔木和灌木间种的形式。另外,混合树行列栽植的树种一般不超过 3 种,过多会显得杂乱。

(五)树丛设计

树丛是指由两株到十几株乔木或乔灌木组合种植而成的种植类型。树丛以反映树木群体美的综合形象为主,这种群体美是通过个体之间的组合来体现的，个体之间既有联系又有变化。

树丛在设计时必须考虑当地的自然条件，充分掌握树种的生物学特性以及个体之间的相互影响，使树木获得适宜的生长空间、通风、光照、温度、湿度条件，从而保持树丛的稳定。

树丛的配植形式分为两株树丛、三株树丛、四株树丛、五株树丛等。

1. 两株树丛

两株树丛是指采用同种树木，或者形态和生态习性相似的不同种树木进行设计的形式。这两株树木的形态不要完全一致，要有变化，营造出活泼的景致，如一高一矮、一俯一仰、一欹一直等，既有区别，又相互联系，共同构成和谐的景观（图 4-19）。

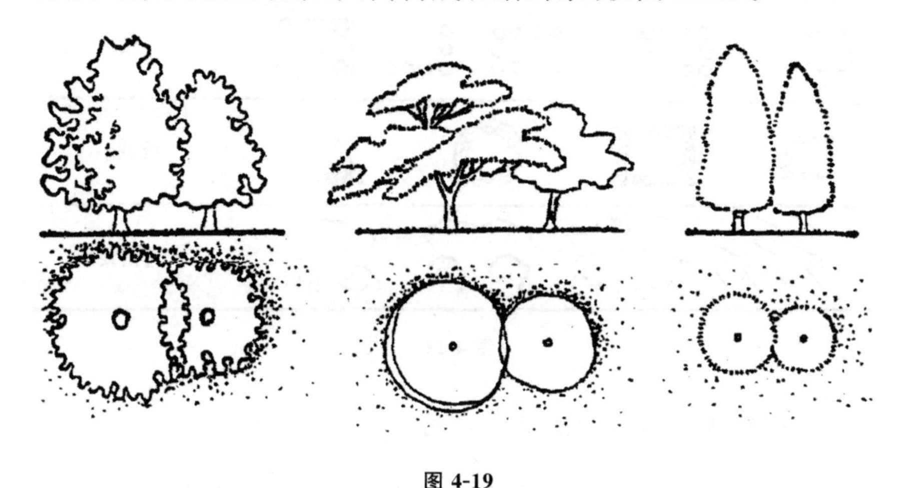

图 4-19

2. 三株树丛

三株树丛的平面布置多呈不等边三角形，通常形成“2＋1”式分组设置，两组之间形成动势呼应，整体造型呈现不对称式均衡。三株树丛一般采用同种或者两种树木，如果采用的是两种树木，应同为乔木或者灌木，而且同种的两株树木要分居两组，另外一种的树木体量要小，这样设计出的树丛景观才具有统一又有变化的艺术效果（图 4-20）。

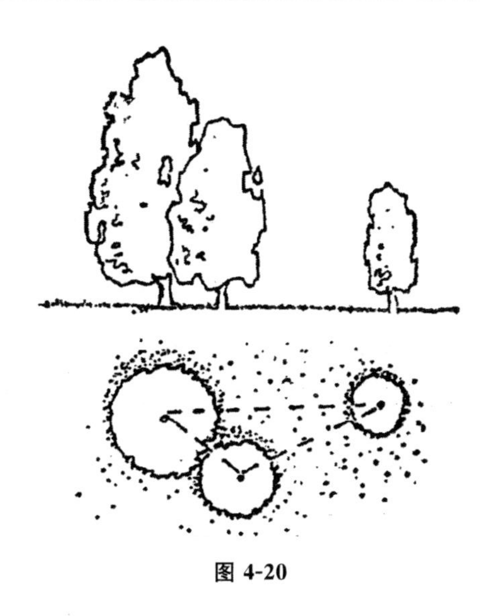

图 4-20

3. 四株树丛

四株树丛一般也是采用同种或者两种树木，用两种树木时，要求同为乔木或者灌木。四株树丛常布置成不等边三角形或四边形，形成“3＋1”式分组，其中，三株中两株靠近，一株偏远，方法同三株树丛设计，另外单独一株通常是这四株中的第二大树（图 4-21）。

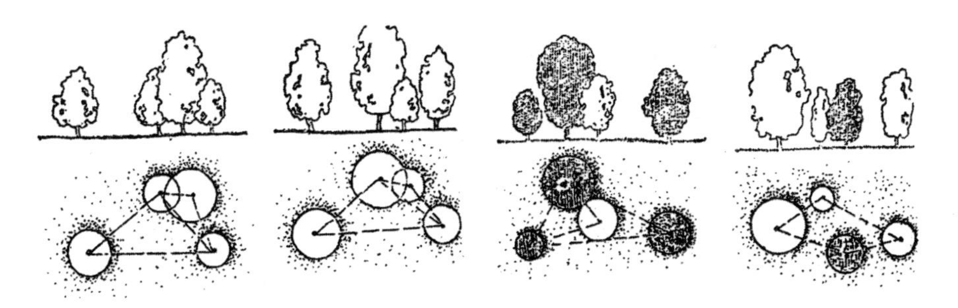

图 4-21

4. 五株树丛

五株树丛一般采用同种或者两种树木。如果采用同种树木，则以“3＋2”式组合最佳，最大的树木位于三株一组中；或者采用“4＋1”式组合，其中单独一株的不能是最大的树木，两组距离适当，相互呼应。如果采用的是两种树木，则这两种树木的数量最好为3∶2，在具体分组时，同样不能将最大的树木单独成组（图4-22）。

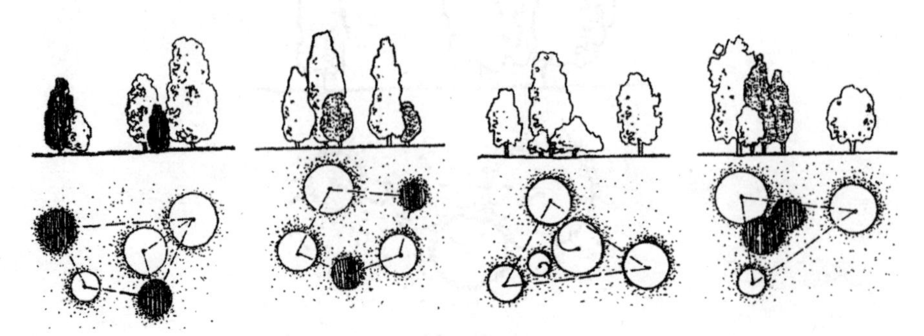

图4-22

大多数树种都适宜于树丛设计，比较常用的有“紫杉、冷杉、金钱松、银杏、雪松、龙柏、桧柏、水杉、白玉兰、紫薇、栾树、七叶树、红枫、鸡爪槭、紫叶李、桂花、棕榈、杜鹃、海桐、苏铁、丝兰、凤尾兰、大王椰子、石榴、石楠、梧桐树、榉树、南洋杉、紫玉兰、琼花等”①。

（六）树群设计

树群指由几十株树木组合而成的树木群体景观。树群所表现出的主要为群体美，一般作为环境景观设计的主景之一或者配景。

1. 树群的设计形式

树群设计形式分为两种，即单纯树群和混交树群。

单纯树群是指由单一树木组合而成的树木群落景观，具有鲜明的种群景观特征，一般郁闭度较高。

混交树群是由多种树木混合组成一定范围的树木群落景观，

① 黄春华：《环境景观设计原理》，长沙：湖南大学出版社，2010年，第214页。

具有层次丰富、持久稳定等优点。

2. 树群的设计结构

树群的平面布局“多采用复层混交及小块状混交与点状混交相结合，不宜成块整齐布置，也不宜成行成列或带状布置”[①]。树木之间切忌成行、成排地种植，任意相邻的三棵树之间多呈现不等边三角形布局。

混交树群是由多种树木组合而成的，因此其结构层次较为丰富，一般分为五层：乔木层、亚乔木层、大灌木层、小灌木层及多年生草本植被。每一层树木都应将其观赏特征突出的部分显露出来。“乔木层选用的树种，树冠的姿态要特别丰富，使整个树群的天际线富于变化。亚乔木层选用的树种，最好开花繁茂，或是有美丽的叶色。灌木应以花木为主，草本覆盖植物应以多年生野生性花卉为主，树群下的土面不能暴露”[②]。具体而言，树群结构布置的原则是“高度采光的乔木层应该分布在中央，亚乔木在四周，大灌木、小灌木在外缘”[③]。这种结构布置不仅可以显露出每一层树木的观赏特点，而且可以满足其各自对日照、水分等生存条件的需求。

3. 树群的树种选择与应用

在设计树群时，必须根据群落生态来选择合适的树种，如“乔木层多为阳性树种，亚乔木层为稍能耐阴的阳性树种或中性树种，灌木层多为半阴性或阴性树种”[④]。只有充分考虑不同树种的环境生态，才能形成较稳定的树木群落景观。另外，在选用树种时，还要考虑季节变化对树群外貌的影响，树群的外貌要有变化，能够显示出不同的季节景观特征。

---

① 黄春华:《环境景观设计原理》，长沙：湖南大学出版社，2010 年，第 215 页。

② 同上。

③ 同上。

④ 同上。

树群在应用时，一般布置在有足够空间的开阔场地上，如小山山坡、水中的小岛屿、靠近林缘的大草坪等。“树群主要立面的前方，至少在树群高度的四倍、树群宽度的一倍半距离上，要留出空地，以便游人欣赏”[①]。另外，树群的规模不宜太大，“一般以外缘投影轮廓线长度不超过 60m、长宽比不大于 3∶1 为宜”[②]。

（七）树林设计

树林是指成片、成块种植的大面积树木景观。如风景游览区的风景林（如彩叶林）、综合性公园安静休息区的休憩林以及城市防护绿地中的卫生防护林、防风林、引风林、水土保持林等。树林按照不同的种类可以分为四种，包括疏林、密林、单纯林和混交林等。按照形态不同来划分，又可以分为两种，包括片状树林和带状树林（又称林带）。各种类型的树林景观设计要求各不相同（图 4-23）。

1. 密林

密林是指较为封闭高大的树林景观，它们的郁闭度都会比较高，一般在 70％～100％。密林也可以分为两种，包括单纯密林和混交密林。单纯密林的最大特点就是简单、壮观，给人以层次单一的感觉，缺乏季相的变化。单纯密林的适生树种一般都具有较高的观赏价值、并且有很强的生存适应能力，如马尾松、梅花等。混交密林的结构层次较为复杂，通常情况下是 3～4 层。混交密林的特点是片状或块状与带状混交分布。但是，当密林面积比较小时，通常是采用点状与片状的混交设计，树种的选择上多是常绿树与落叶树相混交。

密林的层次结构因为其具体位置的不同而使用不同的处理方式。在密林的边缘部分，为了吸引人们的视线，要重点突出层次结构，在适当的部位设置一层到两层乔木，形成幽深的林体景观。

---

① 黄春华：《环境景观设计原理》，长沙：湖南大学出版社，2010 年，第 215 页。
② 同上。

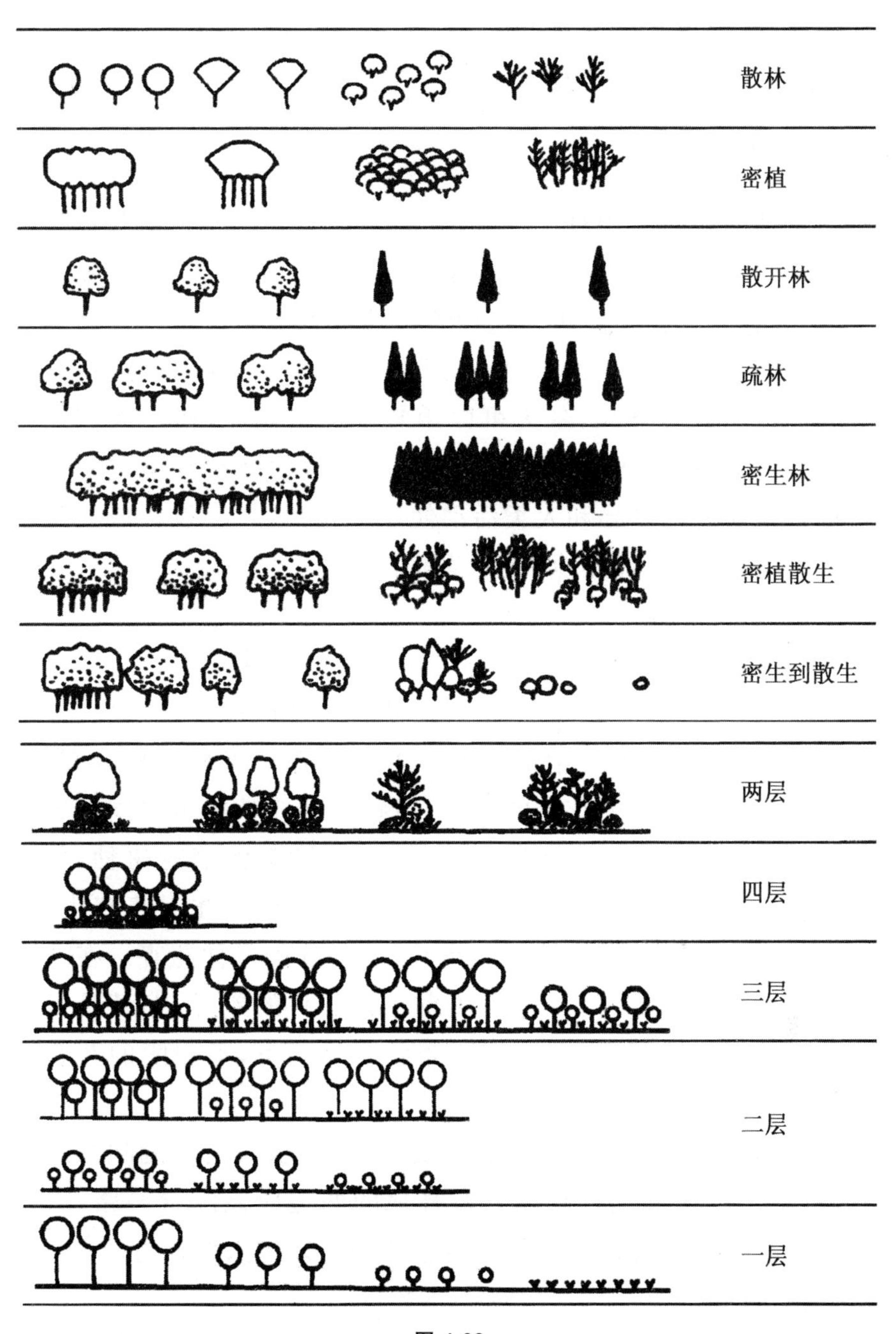

图 4-23

在对密林进行平面布局时，由于树木的数量及面积较大，因此在布置的时候与树群相似，单纯密林也不需要每一株树林都做详细地设计，将其划分为小片设计即可，通常情况下，大样的面积设计为 25m×(20～40)m。

2. 疏林

疏林的郁闭度相对比较低，大概为 40%～60%。疏林以单纯乔木林为主，有时候也用花灌木作为辅助。给人十分舒服的感觉，使人想要在其中停留。这种类型的林木适合应用在公共的绿地中。例如在大面积的草地上，偶尔设计小部分的疏林，在夏天人们可以用它来乘凉，冬天可以用它来沐浴阳光，树下人们还可以进行野餐、下棋等活动，是深受人们喜爱的园林环境之一。可根据景观功能的差异和人类活动使用的情况，将其设计成三种不同的类型，包括疏林花地、疏林草地和疏林广场。

(1)疏林花地

疏林花地是疏林与花卉布置相结合的植物景观。一般情况下，在面积较大或者是位置较为显眼的地区进行设置，设置好之后，是禁止人员进入其中活动的。由于花卉与疏林交相分布，在设计时就要充分考虑花卉的采光问题，这就要求树木之间形成较大的间距。同时，在选择树种的时候，应该考虑窄冠树种，如水杉、龙柏、金钱松、落羽杉、池杉、棕榈等，以利于林下花卉生长。疏林花地在布置时可以用一种花卉，也可以用多种花卉。在选择多种花卉搭配布置时，一定要注意花卉品种的差异，尤其是对采光的要求，尽量把较耐阴的花卉布置于林荫下，不耐阴的花卉则布置于光照较好的林间空地或林缘。

疏林花地的观赏功能最为突出，因此要求人员不能随意进入花地，禁止对花卉进行踩踏。在林地的两边应该配置小路，供人们欣赏花卉。在道路上还可以设置椅、凳，以供人们休息时使用。

(2)疏林草地

疏林草地是疏林与草坪相结合的环境景观，它是景观绿地中最常用的设计形式。树木之间的距离也相对较大，一般为 10～20m，这是因为林间要留出大片的空地来布置草坪。选择树种时，对树木的观赏价值要求较高，或是色彩鲜艳美观，或是气味芳香浓郁等。大多数情况下选择生长健壮的落叶树种，如银白杨、银杏、合欢、白桦、丁香、枫香、桂花、金钱松、水杉等。疏林草地对人员的活动情况要求并不是太高，地面设置的草坪植物可供人休息活动。草种选择要求具有耐旱、耐踩踏、绿叶期长等特性，如本特草（四季青）、马尼拉、野牛草、假俭草等。

(3)疏林广场

疏林广场是疏林与活动场地相结合的设计形式，多设置于人员活动和休息使用较频繁的环境，多种植在树池中。选择树木的原则多同疏林草地相类似，不同的是它需要在林下作硬地铺装。同时还需要考虑树木的分枝点，并且适应它的密集所造成的空气不畅通的特点。地面铺装材料较少使用水泥混凝土，而是选择混凝土预制块料、花岗岩、植草砖等。

（八）林带设计

林带大多数分布在路边、河滨、绿地周边等地。一般选用1～2种高大乔木，树冠枝叶繁茂，可以起到遮阳、防风、降噪、阻隔、遮挡的功能。林带通常情况下是有规则的种植，郁闭度相对较高，当然也有少部分采用不规则的形式（图4-24）。根据树种的不同，树木之间的间距也不会相同，一般是1～6m。树冠开展较小的乔木株距较小，树冠开展较大的乔木则株距较大。总之，间距的标准就是成年后树木的树冠能够交接。林带设计常用树种有桧柏、山核桃、刺槐、水杉、杨树、栾树火炬松、池杉、落羽杉、女贞、白桦、银杏、柳杉等。

林带的用途非常广泛，可以用来防风、防沙、防尘、防噪，也可以分隔空间，当作遮挡物，还可以用作背景等。

自然式林带内，树木没有布置的规则，树木之间的距离也没有统一的规定。林带内部植物的选择也多是以大灌木、小灌木、乔木、亚乔木、多年生长花卉等。在布置时，主要追求一种层次的美感。天际线要起伏变化，外缘要曲折。

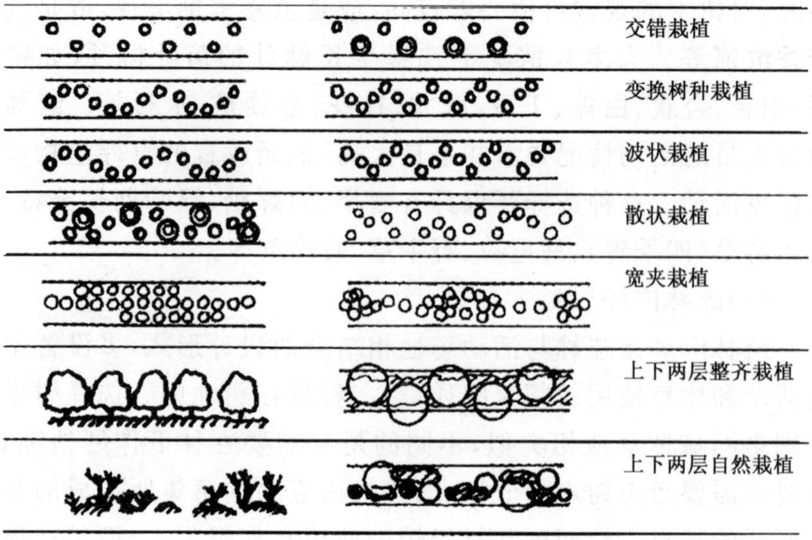

交错栽植

变换树种栽植

波状栽植

散状栽植

宽夹栽植

上下两层整齐栽植

上下两层自然栽植

图 4-24

(九)绿篱及绿墙设计

绿篱是指灌木或小乔木以近距离的方式种植成单行或双行的形式,也称为绿墙。

1. 绿篱及绿墙的设计形式

绿篱及绿墙按照不同的标准,可以有两种划分形式:一种是按照高度划分,另一种是按照功能划分。

(1)按照高度划分

根据高度可分为高绿篱、中绿篱、矮绿篱、绿墙四种类型。

高绿篱的设计标准是高度要达到 120～150cm。高绿篱由于其高度限制,人类在此不能进行跨越。因此,它通常是被用作隔离地带。高绿篱是交叉种植两列树木,株距大约是 50cm,宽度在 60～120cm,行距 40～60cm,珊瑚树、龙柏、女贞、蜀桧等是常用的树木。篱顶一般是不会超过人的视线的,所以它和景观空间还是存在一定联系的。

中绿篱的设计标准是高度要达到 50～120cm。中绿篱也具有一定高度，一般人也很难跨越过去。因此，具有一定的空间分隔作用。例如绿地边界划分、围护，绿地空间分隔，遮挡不高的挡土墙面以及植物迷宫等常用中绿篱。中绿篱是交叉种植两列篱体植物，株距大约是 30～50cm，宽度一般为 40～100cm，瓜子黄杨、大叶黄杨、九里香、小叶女贞、海桐、珊瑚树等是常用的树木。

矮绿篱的设计标准是高度在 50cm 以下。矮绿篱因高度较低，人类跨越它轻而易举。因此，矮绿篱只是象征性地起到空间分割的作用。如花境边缘、花坛和观赏草坪镶边等常设计矮绿篱。矮绿篱大多数是选择生长缓慢、株体矮小、耐修剪的常绿树种。雀舌黄杨、瓜子黄杨、米籽黄杨、九里香、大叶黄杨、蜀桧、日本花柏、匍地龙柏等是常用的树木。

绿墙的设计标准是高度在 150cm 以上。这样绿墙的高度就超过了人类视线的高度范围，成为绿地中具有阻碍分隔作用的空间地带。绿墙也可用来作自然式与规则式绿地空间的过渡处理，使风格不同、对比强烈的布局得到调和。常用的树种有蜀桧、千头柏、珊瑚树、女贞、茶树、香柏、海桐、椤木石楠、中山柏、铅笔柏、罗汉松、云杉及竹类等。

(2)按照功能划分

根据功能的不同可将绿篱分为常绿篱、果篱、花篱、刺篱、彩叶篱、编篱和蔓篱等。

常绿篱主要使用常绿树种进行设计并进行定期修剪。它是绿地中运用最多的绿篱形式。种植方式同绿篱类似。常见树种有雀舌黄杨、桧柏、罗汉松、海桐、女贞、冬青、大叶黄杨、瓜子黄杨、锦熟黄杨、月桂、龙柏、侧柏、蜀桧、珊瑚树、蚊母、茶树、观音竹等。

果篱主要使用观果树种进行设计。它具有较高观赏价值，为了不影响观赏效果，通常是不修剪的。常见的果篱植物有南天竹、枸杞、紫珠、枸骨、山茱萸、忍冬、山楂、胡颓子、荚蓬、胡颓子、火棘等。

花篱主要使用花木进行设计。花篱除具有一般绿篱功能外，也具有较高的观赏价值，为了不影响观赏效果，通常是不修剪的。种植形式与绿篱类似。常用树种有黄馨、棣棠、郁李、六月雪、金丝桃、迎春、珍珠梅、麻叶绣线菊、澳疏、黄刺玫、锦鸡儿、月季、金钟花、笑靥花、木槿、米兰、红花檵木、杜鹃、贴梗海棠等。

刺篱主要使用多刺植物配植而成。刺篱的主要功能是边界防范，阻挡行人穿越绿地，观赏功能是辅助功能。常用树种有云实、柞木、马甲子、枸骨、酸枣、玫瑰、蔷薇、刺柏、刺叶冬青、小檗、火棘、枸橘、刺梨、花椒、黄刺玫、胡颓子等。

彩叶篱主要以彩叶树种设计为主。它的功用主要是装饰庭院环境，具有美化和审美的功能。彩叶篱种植形式同绿篱类似，通常也是不修剪的。常见树种有变叶木、金心黄杨、洒金桃叶珊瑚、紫叶小檗、红桑、金叶桧、洒金千头柏等。

编篱主要是将绿篱植物枝条编织成网格状，以增加绿篱的牢固性和边界防范效果，避免人或动物穿越，有时也具有观赏价值。常用树木枝条有紫穗槐、木槿、杞柳、紫薇等。

蔓篱是在篱架上，用藤蔓植物环绕而成的。主要起到围护的作用，同时也会形成一定的观赏价值。常用的藤蔓植物有绿萝、薜荔、木通、常春藤、三角花、扶芳藤、凌霄、蔷薇、云实、香豌豆、月光花、金银花、牵牛花、苦瓜等。

2. 绿篱造型设计

绿篱造型按照形状的不同可以分为建筑形、几何形和自然形三种。

建筑形是把篱体造型设计成建筑式样，如城墙、拱门、云墙式样等。一般是选用常绿树种来设计，用于绿墙，中、高绿篱，须定期造型修剪(图 4-25)。

几何形是篱体呈几何图形，如矩形、折形、梯形、圈形等。可用于矮篱、中篱、高篱、绿墙等。几何形绿篱须定期修剪造型(图 4-26)。

图 4-25

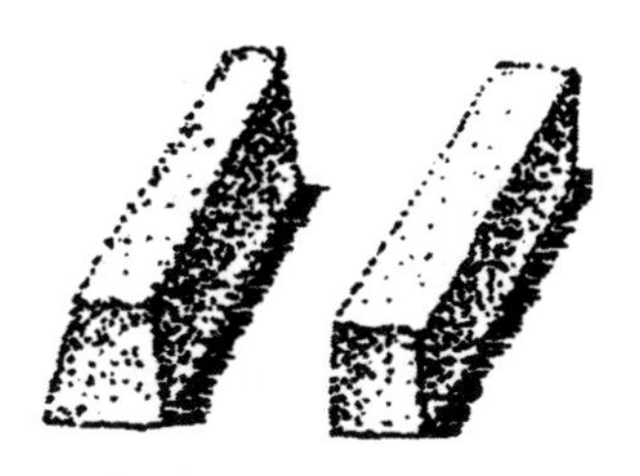

图 4-26

自然形绿篱主要是以花、叶、果来进行设计。树木自然生长，不做有规则地整理，呈现出的篱体形态较为自然，多用于花篱、彩叶篱、果篱、刺篱等。

(十)攀缘植物设计

1. 攀缘植物的设计形式

(1)附壁式。攀缘植物种植于建筑物墙壁的底部，沿着墙壁攀附生长，创造垂直立面绿化景观。根据攀缘植物习性不同，又分直接贴墙式和墙面支架式两种。

直接贴墙式是指种植在近墙基地面或种植台内的攀缘植物具有吸盘或气生根，它们能直接贴附在墙面上，并持续向上生长。如五叶地锦(美国地锦)、凌霄、地锦(爬山虎)、薜荔、络石、扶芳藤等。

墙面支架式是指植物没有吸盘或气根，不能直接贴附在墙面上，只能依靠攀缘支架，顺势向上生长，从而达到墙壁垂直绿化的目的。如茑萝、藤本月季、金银花、牵牛花等。

(2)篱垣式。主要是攀缘植物利用栅栏、篱架、铁丝网、矮墙垣等作为辅助工具攀附生长。它既有防范功能，又有美化功能。

因此，绿地中各种竹、木篱架、铁栅矮墙等多采用攀缘植物绿化美化。常用植物有牵牛花、茑萝、地锦、云实、金银花、蔷薇、藤本月季、常春藤、绿萝等。

(3)廊架式。攀缘植物利用廊架等依附物进行攀附生长，如花廊、棚架等。它具有美化功能和空间使用功能。廊架材料没有限制，可以是钢材、钢筋混凝土、竹木等。根据廊架的大小选择攀附的植物。常用的植物有花蔷薇、木香、藤本月季等。廊架一方面可以美化环境，另一方面可以给人们提供乘凉的空间和场所。

(4)垂挂式。在建筑物的较高部位设计种植攀缘植物，并使植物茎蔓垂挂于空中的造景形式，形成垂帘式的植物景观。如在遮阳板或雨篷上、屋顶边沿、阳台或窗台上、大型建筑物室内走廊边等都可以进行这种造景设计。常用植物有常春藤、凌霄、迎春、鹊梅藤、素馨、五叶地锦、络石、美国凌霄、炮仗花等。

(5)立柱式。攀缘植物依附各种建筑物的立柱攀缘生长的垂直绿化设计形式。攀缘植物可以直接附着在柱体上生长，也可以依靠吸盘附着在柱体上，形成垂直绿化景观。常见攀缘植物有美国金银花、络石、地锦、凌霄、薜荔等。

2. 攀缘植物的选择

攀缘植物的类型繁多，习性也各不相同。因此，在选择时，应该考虑到生态环境、具体景观功能和观赏要求等因素。

不同的攀附植物对生态环境的要求不同。在设计时，应该着重考虑到这一点。如南方多选用喜温树种，北方则必须考虑植物的耐寒能力。喜光的植物应该放在向阳处；耐阴植物放在背光处。

如果是对攀附植物的功能有较高的要求，要求它来遮挡夏日炎热的阳光，此时的攀缘植物就应选择吸附力强、枝叶茂密类型的，如地锦、常春藤、五叶地锦等；若是想要快速生长的攀缘植物，可以考虑选择草本植物，如丝瓜等；若是使用遮阳的棚架，也要选择枝繁叶茂型的攀附植物，如葡萄、紫藤、三角梅等。

如果从美化环境的角度出发，在选择攀缘植物时既要考虑到它的观赏价值，同时还要注意它与周围建筑物的搭配，尽量形成一种和谐的环境景观。例如灰色、白色墙面与鲜艳的红色植物较为搭配，且可以形成一定的装饰作用。如果对色彩的要求较高，则应该多选用观花植物，如三角梅、多花蔷薇、凌霄、云实、紫藤等。

第五章　道路与广场景观设计

作为城市建设的重要内容之一，道路与广场是公共生活开展的舞台，也是城市重要的开放空间，更是展示城市风貌的走廊和橱窗，因而也属于现代环境景观设计的重要组成内容，本章将对道路与广场景观的设计进行具体分析。

第一节　道路景观设计

一、道路的概念及类型

所谓道路，就是指在城市中承担着交通运输功能和疏导功能的城市肌体的“骨架”和“脉络”，它通过将一个点与另一个点连接起来，将城市不同功能的用地联系起来，从而满足了人们出行的便利性需要。从景观设计的角度来看，道路也是构成城市景观的首要因素，城市景观沿道路线性开展构成城市意象，如公园、风景区中，主要景点多是由道路组织并串联起来的，因而许多景点都是沿道路布置，道路也成为公园、风景区景观的重要组成部分。当然，由于道路类型多样，因此其呈现的景观特征也十分丰富。

道路是区域联系和城市内部运转的“骨架”，它的类型较多，根据不同的分类标准可将其分为不同的类型。

具体来看，根据道路划分标准可将其划分为快速通道、主干道、次干道、支路、尽端式道路等几种类型。其中，快速通道一般中间设有中央分隔带，是专门为中、长距离快速机动车交通服务的道路，用来满足城市中的交通出行量，一般应用于特大城市。主干道是连接城市主要功能区、公共场所之间的道路，它在城市道路网中起骨架作用。主干道由于所处城市规模的不同，会呈现不同的功能。一般情况下，中、小城市的主干路常有沿线服务功能，而大城市的主干道主要负担城市各区、组团之间的交通联系。次干道是城市主干道之间的辅助交通路线，它在交通上起集散交通的作用，同时由于次干道多沿公共建筑或住宅布置，因而又兼有生活性服务功能。支路是城市一般街坊道路，通常与次干道相接。尽端式道路是指街区内部的道路，它是机动车交通最末端的道路。

根据道路的功能可将其划分为交通性道路、生活性道路和特殊性质的道路。交通性道路以交通为主，代表着城市的形象。生活性道路与市民的日常生活密切相关，常以繁华街、商业街、步行街等形式出现。特殊性质的道路多指公园侧道或滨河道路，这些道路大多只在一侧设建筑物，为了保持景观上的和谐，常常需要将树木、水景等自然要素融入道路景观设计中。

二、道路景观的构成要素

从构成要素上来看，道路景观主要由路面、边界、节点和道路两边的景观区域所构成。

（一）路面

路面是形成道路景观的主体，是构成道路空间的二维平面。从铺设方式上来看，路面有整体式铺装路面和块材式铺装路面两种。从铺设路面的材料上来看，常见的有沥青材料、混凝土材料、石材等，其中用沥青材料和混凝土材料铺设的路面多用于车行，用石材铺设的路面多用于老城区特别是历史文化街区。

(二)边界

边界实际上就是不同空间之间的交接线。作为道路景观的构成要素,边界就是道路与广场、公园、构筑物、水体、农田、森林等相接后形成的线状景观带。

(三)节点

节点就是各类道路交叉口、转折点、具有空间特征的视觉焦点(如广场、绿地)等构成了道路的特征性景观的、在道路景观系统中作为主要控制点和转折点存在的点状存在。

(四)景观区域

景观区域就是在道路两旁存在的由不同景观层次所构成的具有背景特征的空间场所。常见的景观区域主要山体、森林、农田、河流、湖海等自然因素,以及建筑、城市轮廓等人工要素构成。

三、道路景观的特点

作为一种线性景观,道路景观具有连续性、方向性和动态性特点。

(一)连续性

道路的交通功能决定了道路景观的线性属性,因而在道路景观中,"线性元素"占据了主要空间,道路两侧的线性景观通过建筑立面和围墙、统一的绿化形式、连续的天际线和空间特征等得到体现,从而保证了道路景观的连续性。

(二)方向性

在复杂的城市系统中,道路为人们的前进指明了方向,有助于司机和行人进行距离判断和区位定位,而道路两旁的景观中包含着许多具有标志性的建筑物、构筑物、雕塑、广场绿地或者设置十分醒目的节点或标识牌，这些设置一方面使得道路的交通性功能得到有效提升，另一方面也可以通过曲折迂回的道路、突然转换的场景来加强景观布局的丰富性，满足游人对景观高潮的预期和渴望。

（三）动态性

道路景观虽然本身是静态的，但人们对这些景观的体验方式常常是在运动状态下来完成的。而为了满足人们的这种体验需求，道路景观的设置常常表现出流动性和运动感。例如，步行街的道路景观重点在于对“形”的刻画与处理，设计师常通过建筑风格和立面细部处理、植物的配置和造型、街道设施的设计、地面铺装等来体现出道路两侧建筑群、种植和外轮廓线在步行速度时的视觉变化。

四、道路景观设计的要点

道路景观是行人或乘客可以直接观赏到的景观，因此，对道路景观设计的完善与否会对人们在通行空间中感受的景观好坏产生直接影响。再加上现代社会中交通工具和交通条件的不断完善，城市道路系统已经形成了一个巨大的网状组织，要想使这个组织的运行状况良好，就需要对城市道路系统进行合理规划，而要想使这个组织为城市景观增光添色，就必须对城市道路景观进行设计。

总体上来说，对城市道路景观进行设计，就必须在城市规划与城市设计中考虑通过完善和调整整个城市的路网功能与形式来改变城市的形象。具体来说，对城市道路景观进行设计应做好以下几方面。

（一）选择合理的道路密度和路网形式

道路景观设计应在考虑道路的交通便达性的基础上对道路景观进行设计。因此，对于道路景观设计来说，首先要考虑道路的可使用性，这就要求所道路在密度上能够符合《城市道路交通规划设计规范》(GB 50220—1995)所规定的标准。一般情况下，城市道路网的密度很大，说明交通的通达性很强，但若过大，则其交叉口间距过小，数量过多，反而使车速和通行能力降低。因此，要想规范城市道路密度，应按照《城市道路交通规划设计规范》(GB 50220—1995)的建议将快速通道、主干道、次干道和支路网络大致的比例定为1∶2∶3∶6。

在完善了道路密度的基础上，还应做好城市干道网络形式设计。目前运用较多的城市干道网络形式主要有方格网式、环形放射式、自由式和混合式等。其中，方格网式路网就是用方格网道路划分的街坊形状整齐，这种道路设计形式有利于建筑布置和方向识别，但因交叉口过多等因素，容易造成交通联系不变。环形放射式路网多见于欧洲的大城市，主要是用环形放射式划分干道有利于市中心同外围市区和郊区的联系，但是容易把外围的交通迅速引入市中心地区，同时会出现许多不规则的街坊，促使城市呈同心圆式不断向外扩张。自由式路网适用于依山傍水的城市，它一般没有固定的格式，常是综合考虑城市用地布局、建筑布置及城市景观灯的布置来对路网形式进行设计。混合式路网综合了前面几种路网形式的优点，又避免了它们的缺点，是一种扬长避短较合理的形式，一般适用于城市规模较大或特大城市。

(二)路与景通，因景设路

道路两边的景观应做到路与景相通，因景设路。具体来说，在设计时可将景点错落布置于道路两旁，使游人步移景扬。对于道路交叉口，尤其三岔口，设计时可利用标识性景观，引导人流。

(三)讲究情趣

一般道路的要求总是“莫便于捷”，因而总是尽量筑得笔直，而对于部分道路(如园路、游览路线)来说，可讲究“莫妙于迂”，即尽量将道路曲折迂回布置。这种布置方式能够有效避免笔直和硬性尖角交叉，强调了自然曲折变化和富于节奏感，甚至可能达到“山重水复疑无路，柳暗花明又一村”的效果，从而增强了道路景观的情绪，活跃了道路空间的气氛。

（四）形式多样

在道路景观设计中，设计的道路景观形式应多种多样，可以是人流集聚处或庭院内的场地，可以是林间花径或草坪中的步石与休息岛；可以是“廊”，也可以是盘山道、蹬道、石级、岩洞；可以是极富情趣的桥、堤、汀步等，也可以是边界迅速的高速公路、一级公路等。总之，设计出的道路应或简或繁、或收或放、或曲或直、或体态丰富、或情趣盎然，引人入胜。

（五）重视绿化

在道路景观设计中，道路绿地景观设计是其中的一项重要内容，通过将绿地景观设计融入交通景观设计中，交通性道路可以达到减少汽车眩光、防噪、吸收废气的功效；生活性道路可以为行人提供舒适的步行、休憩环境。而将绿地景观设计融入交通景观设计中可通过以下三种方式实现。

1. 设置人行道绿地

人行道绿地又称路侧绿地，是人行道与建筑红线之间的绿地，它具有调节空气温度和湿度、防止烟尘、降低噪声、美化环境等特点。设置人行道绿地时，若路侧绿地宽度较大时，可将绿地设计成开放式的形式，在绿地内部铺设漫步道和小广场，布置景观小品、休闲健身设施。

另外，在人行道绿地种植植物的选择上应考虑以下三个方面：一是从生态角度考虑，应选择对人体健康无害的植物，有利于改善当地的生态环境；二是从使用方面考虑，植物的选择和配置要与人的活动相适应，可以给人提供休息、活动的空间；三是从景观方面考虑，植物的选择和配置应结合各个季节、各个区域的不同景观效果，以打造出符合特定道路形象特征的绿地景观。

2. 设置行道植物带

行道树绿带是在人行道与车行道之间，种植植物带，以便于行人和非机动车遮阴避风。为不给行人和机动车的正常行驶带来困扰，所种植的绿树带宽度不小于 1.5m。一般情况下，在人行道与车行道之间种植的植物带所选择的植物主要是乔木、灌木、地被植物等。

3. 设置分车绿带

分车绿带是在机动车道、非机动车道的快慢车道、上下车道中间设置的绿地带，它主要起着分隔机动车道与机动车道、疏导交通、安全隔离的作用。一般情况下，分车绿带的宽度为 2.5～8m，当大于 8m 时可作为林荫路设计。

五、道路景观设计的原则

对道路景观进行设计应遵循以下原则。

（一）与城市道路的性质和功能相适应

受城市布局、地质地形、气候水文等因素的影响，不同的城市会产生不同性质和功能的道路系统。对这些道路系统进行景观设计，必须以城市道路的性质和功能为基础，设计出与其相适应的道路景观，这样才可能使道路系统既能完成交通性的重任，又能融会于城市景观之中，成为城市环境景观的一个重要内容。

（二）考虑道路使用者的行为规律与视觉特性

道路景观依附于道路存在，人们欣赏这些景观常常是在动态过程中完成的，如步行、骑自行车、乘公交车等，这些行为会使人产生不同的行为规律和视觉特征。因而对道路景观进行设计就必须把握“以人为本”的原则，考虑使用者的行为规律和视觉特征，这样设计出来的道路景观才能切实发挥其应有的效应。

（三）可持续发展与个性化相结合

世界是在不断运动变化的，这就要求道路景观设计必须体现出发展性，要对自然资源、生态环境和经济社会的发展有所体现，即坚持可持续发展原则。与此同时，城市道路又因为自身物质条件、自然条件等的不同，会有不同的景观特征，因此，对道路景观设计也要体现出个性化的特征，即在道路景观设计中突出城市自身的特质。

六、道路景观的具体设计

（一）道路空间设计

在空间构成的角度，人们对道路空间的感知很大程度上是通过感知道路宽度（D）与沿街建筑高度（H）的比例关系来获得的，通过这一比例人们能获得不同的视觉感受。

具体来看，当 D/H≥4 时，道路较为宽阔，行人置身其中不会产生压抑感。

当 D/H＝1～3 时，道路的宽度有所下降，但其与沿街建筑的围合感并不是很强，行人置身其中也不会产生压抑感。

当 D/H＜2 时，道路与沿街建筑会形成一定的围合感，行人置身其中会产生一定的封闭感。

当 D/H＜1 时，道路与沿街建筑会形成较强的围合感，行人置身其中会因视野受到封闭产生压抑感。

因此，对于大部分道路而言，D/H＝1～2 是比较理想的断面构成比例，此时的街道宽度与沿街建筑之间存在一种均衡、匀称的关系。但对于一些因交通流量较大而导致路幅较宽的道路，如城市快速通道、主干道等，D/H 常常会达到 3 以上，为弱化由于路幅过宽引起的道路空旷感，常常会采用复数列的行道树来对道路宽度进行细分，这也是一种常见的道路空间设计手法。而对于支路、巷道灯街道特征相对明显的道路，常常采用 D/H<1 的设计方式来创造出亲切宜人的生活尺度和氛围。

（二）道路线型设计

道路的线型指的是路面的平面线形。根据道路的不同功能要求，道路线形有直线、曲（折）线两种，每一种道路线型都必须采取不同的景观设计方法。

1. 直线型道路的景观设计方法

直线型道路具有明确的方向感和始终如一的平面线型，它的空间视线畅通，交通流量和速度相对平稳。对这一类道路进行设计首先必须满足快速便捷的交通功能要求，将弯道改直。其次常常在道路两旁设置对称的景观，以营造庆典、纪念、迎宾灯的庄严气氛。最后还常常在道路的尽端中央或一侧设置标志建（构）筑物制造端部对景，形成视觉焦点。为矫正因近大远小的透视关系所带来的视觉误差，端景建筑的体量和尺度常常有所夸大。

2. 曲（折）线型道路的景观设计方法

曲（折）线型道路具有一种运动视差感，这种感觉会使道路产生一种动态的视觉效果，因此，在曲（折）线型道路两侧布置的景观能够使人充满期待感并产生愉悦的体验。与此同时，曲（折）线型道路可以造就多变的空间和景观，另外线型骤变、行车视距小、视野盲区大等因素也会在一定程度上影响道路交通的流量和速度。再加上曲（折）的位置常常是交通事故高发的地段，因此，对这种道路进行景观设计可从以下几方面入手。

第一，弱化道路的交通功能，沿道路依次布置一系列景观，并在道路上适当设置视线引导性元素，如系列性的标志性建筑物、景观小品和行道树等，使人在前进时能够感受到丰富的景观变化。

第二，适应地形的需要，保持城市自然地形的原生态性，将平面曲(折)线与纵面坡度结合,创造立体的曲(折)线道路系统。

第三,在转弯半径较小的急转弯道或折线型道路两旁设置戏剧性场景。

第四,对于立界面过于连续的道路,可将街边绿地、水面等自然景观元素引入道路立界面,以增强道路的通透感,打破过于封闭的道路空间,增加景观的丰富性。

（三）沿街建筑设计

作为构成道路空间的垂直界面,沿街建筑会对行人对道路空间的体验产生严重的影响,因此,在对道路景观进行设计时,必须对沿街建筑进行设计。具体来说,对沿街建筑进行设计可从以下几方面入手。

第一,由于道路两旁的建筑会在一定程度上影响道路氛围的形成,所以在满足地方各级规划功能的前提下,沿街建筑,特别是具有显著的生活特征的道路底层建筑功能(多为商业、零售业)应在一定程度上保持连续性。这种做法不仅能通过行为方式的有效聚集促进良好生活氛围的形成,而且能通过相同功能建筑的聚集促使建筑底部外立面造型整齐一致。美国的百老汇大街、第五大道等道路的沿街建筑就是这样设计的,这些街道的沿街建筑底层大都安排面向街道的零售业,而不安排类似银行、售票处等非聚集性商业。

第二,由于人们对道路景观的体验常常会以对沿街建筑的外墙面的体验实现的,而非道路宽度。因此,在对沿街建筑进行设计时,应避免建筑外墙面的凸凹不一感,这会产生一种空间的破碎感,不易形成整体的道路感受。举例来说,深圳深南大道就存在这样的问题。这条道路由于修建前期缺乏合理的规划,致使道路修建成功后,沿街建筑进退不一,有的地方高楼对峙,有些地方则空旷无物。针对这一问题,在进行沿街建筑设计时,设计师可通过保持建筑外墙位置的基本一致来实现。

第三,由于道路宽度(D)与沿街建筑高度(H)所形成的比例会在很大程度上影响人们的道路感知,且道路宽度(D)与沿街建筑高度(H)的比例小于1时,会产生较强的围合感和压抑感,因此,在对道路沿街建筑进行设计时,可采用外墙连续后退的方法。这种做法具体可分为三类:第一类做法比较适用于商业街、步行街等,主要是将沿街建筑底部一、二层墙面后退形成柱廊,为沿街建筑室内提供过渡的灰空间,为行人提供遮风避雨之所;第二类做法比较适用于路幅较宽的道路,主要是将沿街建筑的整面墙后退,以便为人流、车流提供更大的空间,同时也可为道路的设施的布置、绿化的栽植、街头公园广场的形成等提供条件;第三类做法比较适用于路幅较窄的道路,主要是通过将沿街建筑的上部墙面予以后退来增加道路的开放感,获得明快的空间感受(图5-1)。

如果沿街布置的建筑物都很细高,那么街道空间给人以很高的印象。
当高层建筑设有一至二层的裙房时,其高度效果则逐级加强。因此,路灯,树木的高度要考虑与裙房的高度保持一定的平衡关系。

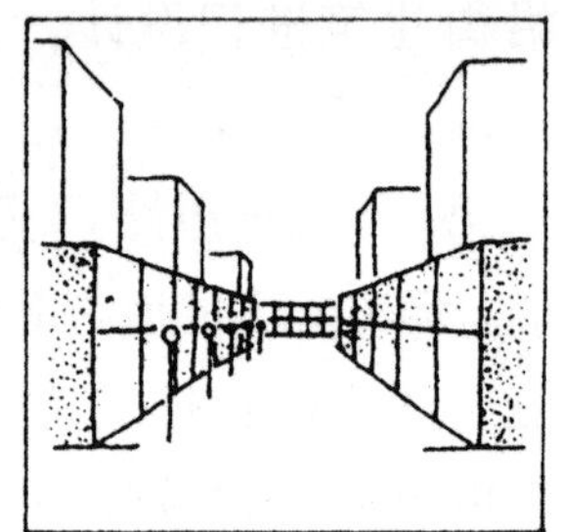

由于商店、雨棚、树木等成为街道空间的一部分。
这些景物对视觉的高度感觉起到了限制作用,可能引起高度感觉的变化。

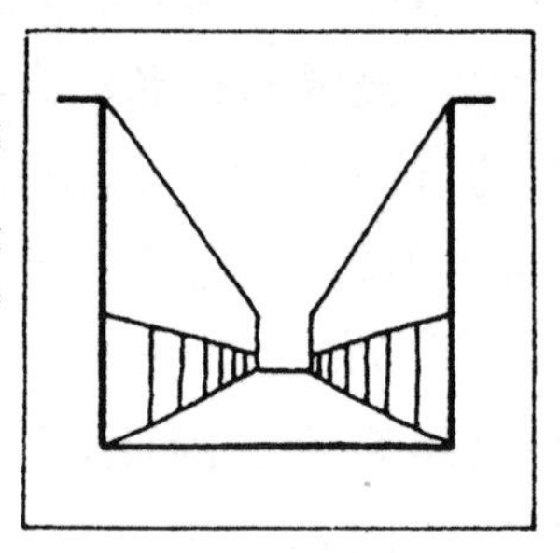

采用联拱柱廊和骑楼形式之后,由于各种屋顶覆盖了街道空间,使得高度效果明显减弱。

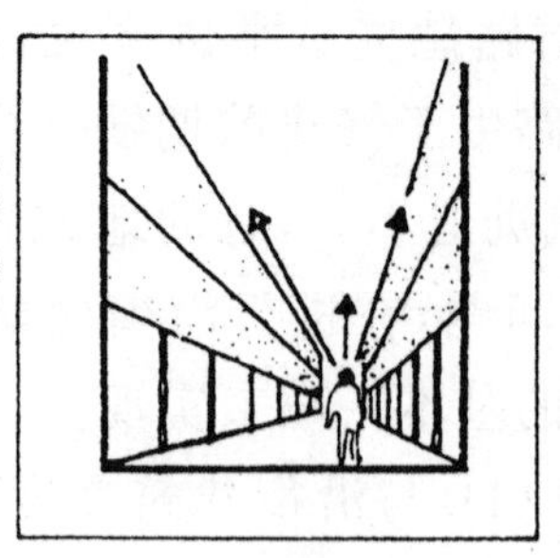

图 5-1

第四，由于沿街建筑外立面色彩与材料的使用会对道路的整体形象产生很大的影响，因此在对沿街建筑进行设计时，必须考虑这些建筑的色彩和材料。一般来说，统一的材质和色彩有助于道路的整体形象感提升，但要控制每栋建筑的色彩与材料显然是不现实的，因此，可以为道路沿街建筑制定一个统一的色调和材质标准，每栋建筑可在此基础上进行灵活变化。为了增强道路的整体色调感和材质感，对沿街建筑进行设计还应考虑建筑的附属设施，如户外广告、商招、阳台、窗檐、遮阳篷、空调等，也应对这些做出统一规定，避免因外部突出建筑附属设施过于杂乱、零碎而对道路景观造成破坏。

第五，沿街建筑的屋顶轮廓线对建筑空间景观会产生很大影响，如相对一致的沿街建筑屋顶轮廓线能形成规整统一的感受，变化过多的沿街建筑屋顶轮廓线则会形成杂乱无序的感受。因此，对沿街建筑进行设计，还必须考虑沿街建筑的屋顶轮廓线。一般情况下，在同一条道路上，除了标志性、特殊性建筑之外，其余的沿街建筑应形成一个屋顶轮廓线的标准，这一标准不仅应包括沿街建筑的高度，以便给车行人流以规整的空间感受，而且应包括沿街建筑的檐口高度(裙房檐口、塔楼檐口)，因为檐口往往是行人所观察到的建筑与天空交接的真实界面，整齐划一的裙房檐口可以给步行人流以连续的界面体验。

(四)道路铺装设计

路面是人们步行与车辆通行的基面，它的铺装设计对道路整体空间效果会产生重要影响。在现实生活中，大多数道路路面铺装的是灰色的沥青与混凝土，这会给道路带来沉闷的氛围。为此，不同的道路应根据使用功能的不同，进行不同的铺装设计。例如，对于人行道来说，其路面的铺装应选择具备一定的强度、透水性与可更换性的材质；对于商业街来说，其路面“铺装排列宜形成引人注目的纹理，突出图案性与几何感，局部地域可通过不同的色彩、排列、材料表现出重点、引导、逗留等多种路面信号”[①]；对于居住区的道路，其路面铺装应选择简单、同一的材质，以突出平静朴实的日常生活。

（五）道路栽植设计

在构成道路空间的所有要素中，植栽时唯一的生命物体，它能够通过直接参与道路空间的构成，为行人和车辆形成阴影庇护，提供视觉连续性。同时，它还可以通过植栽特有的活力、形态、色彩、季节变化等形成独特的道路景观。例如，武汉大学的樱花大道就因两边种植的樱花而闻名。一般情况下，道路两旁的植栽应与道路性质保持一致，如交通性道路种植的植栽宜选择高度和规整程度较高的银杏、榉树、悬铃木等；生活性道路种植的植栽宜选择种植植株偏小、具有花木个性的亚乔木与小乔木，如垂柳等。此外，由于大多数植栽都需要一个成长的过程，因此，在设计植栽时必须预留出一定生长空间（图 5-2），并不断对其进行日常修整，以保持植栽的自然魅力。

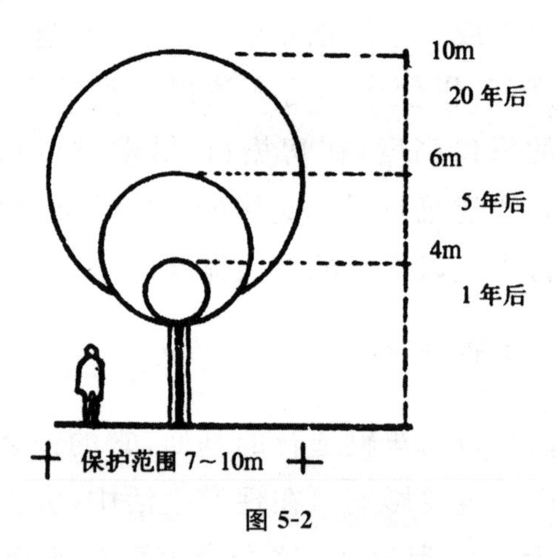

图 5-2

（六）道路相关设施设计

道路两旁的相关设施，如交通设施（指示牌、信号灯）、公益设

① 王建国：《城市设计》，北京：中国建筑工业出版社，2009 年，第 167 页。

施(变压器、电线杆)、照明设施(路灯)、分离设施(护栏、路墩)、生活设施(座凳、电话亭、垃圾箱、候车站)等也是道路景观的重要因素,因此进行道路景观设计时也必须考虑这些设施的设计。对这些设施进行设计应注意以下几方面。

第一,必须先研究再确定数量,以避免设施数目的过多或不足。

第二,必须注意各设施之间在外形、色彩等方面的统一协调,以增强道路景观的艺术效果。

第二节　广场景观设计

广场是“为满足多种城市社会生活需要,以建筑、道路、山水、地形等围合,由多种软、硬景观构成的,采用步行交通手段,具有一定主题思想和规模的节点性城市户外公共活动空间”[①],也是城市环境景观的重要组成部分。对城市环境景观进行设计,就必须考虑对广场景观的设计。

一、广场的功能和类别

(一)广场的功能

作为城市空间体系中的重要节点,广场不仅是城市空间的结合点和控制点,而且是城市道路的间隔、延续或转折,它能够满足城市的多种功能要求,这些功能主要体现在以下几方面。

第一,广场能够缓解交通,方便人流集散。

第二,广场有城市客厅之称,它能够容纳城市居民和外来者多种多样的交往活动,从而为社会公共活动提供了场所。

第三,广场能够美化城市面貌,丰富城市的文化内涵,增添城

① 王珂等:《城市广场设计》(第1版),南京:东南大学出版社,2000年,第2页。

市的魅力。

第四，在火灾、地震等灾害中，广场可以成为避难的“方舟”。

（二）广场的类型

由于多方面的功能要求，广场具有多种类型，从使用功能上和景观设计的角度划分，广场主要有以下几类。

1. 交通广场

交通广场就是为了让车辆行进流畅，开阔驾驶人员视野，而在一些交叉路口将建筑物后退，从而形成的广场。常见的交通广场有主干道或次干道的交叉口形成的中心环岛、在主路和辅路环绕之间留下岛式空地等。

2. 交通商业广场

交通商业广场就是为便于车辆停靠、人流集散，在交通枢纽，如航空港、航船码头、火车站等地方形成的广场。这些广场因为人流集中，所以也需要商业服务，因而也承担着商业服务的功能。

3. 商业广场

商业广场就是在各种道路或道路交叉口商店密集的地方，将商业建筑大幅度后退，从而形成的附属于商业建筑的半围合式广场。

4. 文化广场

文化广场就是在剧场、音乐厅、博物馆、美术馆等文化建筑的环绕中，或居于这些文化建筑之前，或广场内有这些文化建筑的广场。

5. 市政广场

市政广场就是和市政厅（政府、人民代表会议、政协会议和其他相关团体)有密切关系的广场,这些广场常常举行各类全市性活动。

6. 纪念性广场

纪念性广场就是为表达纪念意义设立的广场,这些广场有的标志着重大的历史性事件,有的涉及神话或传说故事,有的存在着具有纪念意义的代表性建筑或雕塑。

7. 重要建筑前广场

重要建筑前广场就是在教堂、市政大厦、重要办公楼、公共活动场所等重要建筑前修建的广场。

8. 绿化休闲广场

绿化休闲广场就是为市民提供安静休息、体育锻炼、文化娱乐和儿童游戏的广场。这些广场常常处于绿化体系当中,绿化效果较好。

二、广场景观设计的原则

日本当代建筑师芦原义信在其著作《外部空间设计》中对广场经景观的特征进行了描述,根据这些特征,在进行广场景观设计时,需要遵循以下原则。

(一)限定性

对广场景观进行设计必须遵循限定性原则,即所设计的广场景观必须"边界线清楚,且此边界最好是建筑的外墙,而不是单纯遮挡视线的围墙",这样才能形成一定的图形,也才能形成特定景观。

(二)领域性

广场景观要想设计得好,就需要创造特定的空间领域,只有

“具有良好的封闭空间的‘阴角’”，才“容易构成‘图’”，也才能让人感受到广场景观之美。

（三）协调性

广场景观是城市环境景观的一个组成部分，因而也需要与城市环境景观相协调。基于此，进行广场景观的设计就需要使广场“周围的建筑具有某种统一和协调，高度与视距有良好的比例”，这样才能够凸显出广场景观的和谐之美。

（四）互补性

广场景观设计要塑造良好的景观，就需要使广场地面与围合的建筑物，以及广场中的建筑物等景观元素在空间上形成互补关系，这样才能使设计出的广场景观虚实相宜。

三、广场景观设计的要点

广场景观设计需要在把握广场整体空间关系的基础上，对广场空间进行合理组织，这就需要把握以下几点。

（一）把握好秩序与层次的关系

设计广场景观时，不能一味追求大而全，而应把握好合理的尺度和空间秩序以及丰富的景观层次。设计师应根据人们的环境行为需求，将广场的空间环境划分为不同层次领域，并就这些层次领域设计出丰富的景观序列，这样才能在增强广场景观和谐性的同时，增加广场景观的表现性。例如，西南交通大学峨眉校区的前区广场就将主体广场顺应自然地形标高设计，然后在台地上设计出满足不同功能需要的辅助广场和空间，这种做法不仅使广场的空间组合变得更加合理，而且也有助于通过主轴线转换建立起层次丰富、秩序井然的景观空间序列。

（二）把握好围合与开放的关系

对广场景观进行设计时，假如广场的围合过度，或者开放过少，那么广场空间较封闭，不利于广场空间的流动和人们对广场的使用。而假如广场的围合过低，或者开放过少，又会导致广场空间的涣散、空旷，从而使人产生恐惧和不安定感，降低了广场的空间品质。因此，设计师必须注意使广场的围合与开放适度合理。

（三）把握好功能与艺术的关系

在现实生活中，广场的功能各有差别，有的主要是为了集散，有的是为了休闲，因此，对广场景观进行设计必须建立在其使用功能的基础上。与此同时，广场承载着人们的户外活动，是人们直接感知环境、获得景观意象的重要场所，也是人们了解一个城市、认识一个城市，进而更深地热爱一个城市的基础，因此广场景观设计也要讲究艺术，这就要求设计师在进行广场景观设计时必须在满足各种功能的前提下，注重艺术性。

四、广场景观设计的相关要素

（一）选址与布局

对广场景观进行设计首先需要做好广场的选址与布局，只有这两方面做好了，广场景观才能在切实发挥其使用功能的基础上，显示出自己的特色。

具体来说，广场在选址时需要做好以下几方面。

第一，广场的地址应选择在城市重要、特殊的公共建筑的附近或区域内。

第二，广场的地址应选择在溪流、江河、山岳、林地等自然景观资源附近。

第三，广场的地址应选择在人流比较密集的地区。

第四，广场的地址应选择在可承载一定人口密度的沿街空间。

第五，广场的地址应选择在建筑阴影区以外，以维持广场的日照，延长户外活动的时间。

第六，广场的地址应选择在背风场所，以避免过大的风速让使用者不悦。

第七，广场的地址应选择在某些空间序列的节点位置上。

广场在布局时需要根据城市规模、人口数量、广场级别等来进行布局。一般情况下，城市规划越大，广场的数量应越大；人口数量越多，广场的密度越大；广场的级别越高，广场的数量越少。此外，广场布局还应根据城市片区的划分来进行，应注意形成以城市级广场为核心，片区级广场为骨架，社区级广场为依托的均衡网络结构。

（二）规模与特色

广场的规模在确定时要依据其功能、级别、位置等因素而定，否则就可能存在广场浪费的现象。

同时，广场作为因人类活动而存在的空间，其景观自然也无法脱离特定地域的文化表达而存在，这就使得广场景观具有自己的特色。对此，设计师需要结合现代空间、理念、技术、感受与诸多历史要素，为使用者创造特定的文化氛围，以营造出自己的特色。

（三）尺度与围合

曾有一位景观学者说，“广场既然是一个让生活发生的场所，都市空间的尺度与包被程度便成了广场存在与否的先决条件。都市空间的基面过宽，周界又不够高，将显得空空荡荡，毫无广场的亲切感；反之，若基面狭隘，界面高筑，则又变成闭塞局促的天井。”[①]

---

① 王维洁：《南欧广场探索——由古希腊至文艺复兴》，台北：台湾田园城市文化事业有限公司，1999年，第146页。

显然广场景观设计必须考虑其尺度与围合。其中广场尺度包括平面维度上的广场形态关系与空间维度上的广场垂直界面与水平距离之间的关系。从平面维度上看，广场的长度与宽度的比例以 3∶1 为宜，以确保广场不致从节点型空间变为细长的线型空间；从空间维度来说，广场的宽度与周边垂直界面的高度的比例以 2∶1 为宜，以确保广场空间产生向心内聚而不离散的围合感。

广场的围合通常有四面围合、三面围合、两面围合与单面围合四种(图 5-3)。其中四面围合形成的广场容易将广场与城市其他部分割裂开来，从而割断了广场与周边建筑的空间渗透、人流流动，使广场变成一个“岛状”空间。三面围合形成的广场因一侧的打开便于让行人看到与进入，从而产生一种欢迎的心理暗示，因此更加宜人。两面围合形成的广场领域感稍弱，空间流动性较强，易于配合现代城市建筑形成平面“L”形的街头广场。单面形成的广场界面完整，广场空间整合独立，易于进行景观处理，但封闭性较差，容易令使用者在心理上产生不安定感，缩短在广场的停留时间。

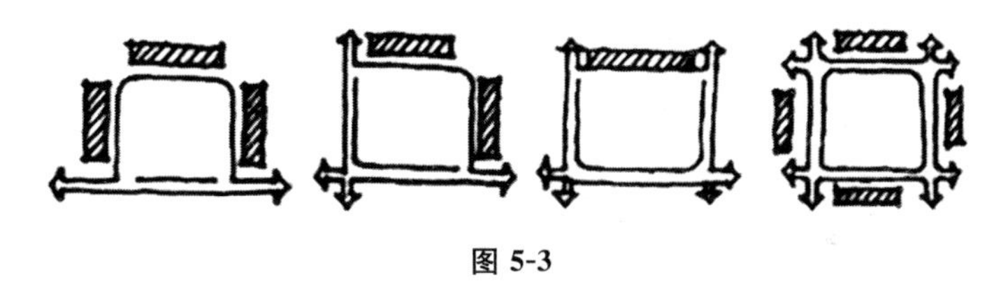

图 5-3

(四)空间层次

人们室外活动需求的不断增多使得广场空间日益呈现出层次化的倾向，各种多层立体式广场在现代城市频繁出现。它们打破了传统的只在一个平面上设计的做法，通过对地下、地面、地上、空中等不同水平层面的活动场所的设置，促使广场的空间产生分离和整合效果，形成了丰富多变的广场景观。

对比传统的分平面型广场，或是立体型广场的某一个水平层面而言，广场的空间层次化主要体现在空间领域化上，即人们根据环境行为的需要，通过植物、小品、台阶、铺地等多种手法，在同一标高或近似标高的广场平面上划分出不同的空间领域。这些空间领域在性质上存在一定的级差，如面积级差，设计师将广场空间划分为不同领域、不同面积，有的领域用于集会、观演，其所占面积较大；有的领域用于清晨锻练，其面积中等；有的领域用于个人阅读，其面积较小。这种设计方式将广场空间划分为完全开放的公共空间、程度中等的半公共空间以及不易为他人打扰的私密空间，实现了广场空间的层次分隔、动静相宜。

（五）环境设计

广场景观设计还需要进行环境设计，这主要可从绿化、水体、铺装与设施四方面加以探讨。其中，绿化是一种软质景观，它能在现代城市广场中起着重要的生态、防灾、造景等作用，因而可将其纳入广场景观设计之中。而对广场的绿化进行设计需要注意两方面的问题。其一，要注重绿化栽植的科学性，要在充分考虑广场植物的生态习性与后期维护的基础上，选择对环境污染等不利因素适应性强、养护管理方便的植物。其二，要重视绿化栽植的艺术性，要根据广场景观的立意与空间布局要求，结合广场的地形地貌，形成背景、主景、前景层次分明的绿化景观。

水体也属于一种软景观，它的静止、流动、喷发、跌落都会成为引人注目的景观焦点，所以在广场景观设计中应注意将水引入广场景观之中。一般情况下，将水引入广场景观的常见做法有修建喷泉、水池、水墙等，这些做法可在很大程度上活泼与丰富广场的景观。

正常情况下，“人的水平视野大于垂直视野，且水平视野中向下视野范围是向上视野范围的约 1.5 倍，所以在水平视野相对开敞的城市广场空间中，地面铺装是重要的设计要素之一。”[①]对广场的地面铺装进行设计不仅需要考虑地面铺装的材料，应选择具备一定的强度、透水性与可更换性，同时表面平坦、不易打滑的材

① 王建国：《城市设计》，北京：中国建筑工业出版社，2009 年，第 184 页。

料；而且应在铺装处理时采用整体设计、片区差异、边缘处理三种手法对铺装的图案进行处理。

除了上述三种要素之外，广场设施也是广场景观设计必须考虑的因素，这些设施主要包括花坛、座凳、售货亭、垃圾桶、指示牌、雕塑、廊架、灯具、时钟、厕所等，它们能够为人们提供识别、休憩、洁净等功能价值，也能点缀广场环境的氛围，因此对这部分内容进行设计时，应在考虑它们与广场空间的协调性的基础上，体现出生活性与趣味性。

第六章　园林建筑及环境小品设计

园林建筑及环境小品主要是指园林中供休息、装饰、照明、展示和为园林管理以及为游人提供方便的小型建筑设施。它们功能简明、造型小巧别致、带有意境、富于特色，并讲究适得其所。在园林中既能美化环境，丰富园趣，为游人提供休息和公共活动的方便，又能使游人从中获得美的感受和良好的教益。园林建筑及环境小品有着极其丰富的内容，包括园灯、亭、廊、雕塑、喷泉、栏杆、标志牌、景窗、花架等。它们以其丰富多彩的内容和造型，活跃在园林之中，对园林整体环境的构成、氛围的营造及主题的升华起着重要的作用。

第一节　园林建筑及环境小品概述

一、园林建筑及环境小品的特点

园林建筑及环境小品作为园林景观的重要组成部分，它是在美化环境的过程中逐步发展完善的，主要有以下几个特点。

（一）整体的统一性

任何一件园林建筑及环境小品都不是单独存在的，而是与周围的环境融为一体的。因此，在进行园林建筑及环境小品的设计时，要综合考虑其所在的环境以及自身的形式，避免环境中各要素因形式、风格、色彩的不同而产生冲突和对立，尽量建构一种和谐统一的美。园林中的每组建筑都应给人以美的感受，注意颜色与周围环境的搭配，充分体现出设计中艺术及美的理念。一个作品除了要满足基本的使用功能外，更多地要考虑对其外形的处理，以增强它的吸引力，如图6-1所示。

图 6-1

彼得·沃克曾说过："我们寻求景观中的整体艺术，而不是在基地上增添艺术。"园林建筑及环境小品作为特定的实体，它应该从环境和谐的整体利益出发，按照一定的次序，共同构筑整体和谐统一的环境景观。

（二）构思的科学性

园林建筑及环境小品的设计与创立具有科学性的特点，同时还具有相对的固定性。因此，在建立实体之前，要根据特定位置条件考察周围环境的视线角度、光线、视距等综合因素。在城市广场的建设过程中，随着其性质与内容的不同，应采取不同的表现形式。例如，如果是纪念性意义的广场，建筑及环境小品要体现庄重、严肃的环境氛围（图6-2）；如果是休闲娱乐性质的广场，建筑及环境小品要营造出一种轻松、恬静的环境氛围（图6-3）。建筑及环境小品的设置应综合考虑包括交通、环境以及所在地区性质在内的实际特点。建筑及环境小品的形式、内容等的选择以及建立的方式都要受这些因素的影响，因此在确定设计方案前，一定要经过全面科学的考虑。

图 6-2

图 6-3

（三）形式的艺术性

作为园林建筑及环境小品，应该把其审美功能放在首要位置。园林建筑及环境小品主要是通过自身的造型、色彩、肌理等方面的特点向人们展示其形象特征，传达某种意蕴或体现某种审美追求。此外，在建造过程中，必须注意形式美的规律，它在造型风格、色彩基调、比例尺度等方面都要遵循一定的审美原则，在其独特的形式中体现美感，并能融入其使用价值，如图 6-4 所示。

图 6-4

（四）内容的深刻性

园林建筑及环境小品内容的深刻性主要体现在其文化内涵方面以及地方性和时代性的特点当中。地方文化的独特内涵主要体现在自然环境、建筑风格、生活方式、文化心理、审美情趣以及宗教信仰等方面。园林建筑及环境小品是这些内涵的综合体现，它的建立正是这些内涵的外化以及演绎。园林建筑及环境小品的文化特征通过其外在的形式得以体现并受它周围的文化背景和地域特征影响，与当地的文化传统相统一，呈现出不同的风格。建筑以及环境小品只有注入了主题和文化意蕴，才能成为一个真正的有机空间，一个具有生命活力的存在，否则物质构成再丰富也是乏味的，不能引起人们心灵上的共鸣。只有将建筑及环境小品与当地的文化、风俗传统紧密结合，才能使得游人驻足观赏，如图 6-5 所示。

图 6-5

（五）设计的休闲性

随着生活节奏的加快，人们常常感到精神压力大，人与人之间的关系日趋淡漠。于是人们开始将视线投入到休闲性的园林建筑及环境小品之中，因此园林建筑及环境小品开始备受重视。休闲性的园林建筑及环境小品充分体现了以人为本的理念，它是人们对空间环境设计的一种新的要求，即园林建筑及环境小品的设计以服务于人为目的，应采取宜人的尺度、优美的造型、协调的色彩、恰当的比例，以便给人带来一种愉悦的审美感受。这样才能通过环境关怀人的内心，提供一个让人放松心灵、加强沟通的场所。

二、园林建筑及环境小品的分类

园林建筑及环境小品是园林景观重要的组成部分，内容丰富、类型多样、形式多变，成为人们对自己周围环境进行精心设计、精致安排的集中体现。除了亭、廊、花架、铺地、休息椅等，电话亭、候车亭、照明灯、指路牌、垃圾筒、告示牌等这些非建筑的小型实体，只要进行认真的设计、精心的艺术加工，都会成为意蕴丰富的园林建筑及环境小品。

园林建筑及环境小品内容较为庞杂，想要对其有一个清晰的认识，就有必要对其进行系统的分类，以便更好地用它来服务于城市建设。根据不同的分类标准，园林建筑可分为不同的类型。按其功能大致可分为休闲观景类、服务及管理类、饰景类等。

（一）休闲观景类园林建筑及环境小品

园林建筑及环境小品主要为游客提供休息的空间，既有简单的使用功能，又需要有优美的造型，以便给人一种赏心悦目的美感。它们一方面为游人提供赏景、休息的场所；另一方面它们本身也是园中一景，而且往往成为景观的构图中心，如亭、廊、水榭、花架等。

1. 亭

亭在园林中常常起到对景、借景、点缀风景的作用，同时也是人们休息、赏景的最佳选择。亭子在功用上，主要为人们提供休息、纳凉避雨、纵目眺望的空间。根据位置的不同，可以将其分为山亭、半山亭、沿水亭、靠山亭、与廊结合的廊亭、与桥结合的桥亭、专门为碑而设的碑亭等；根据亭的形状可分为圆形、长方形、三角形、四角形、八角形等；根据屋顶的形式可分为单檐、重檐、三重檐、钻尖顶等。亭的造型及大小要依据园林的性质和它所处的环境位置而定，但一般以小巧为宜，因为体型小，容易让人亲近。另外也可以通过它外形的小巧衬托环境的广阔，起到一种点睛的作用。

2. 廊

廊在城市园林建设中被广泛应用，它可以为游人遮阳防雨、提供休息的场所，除此之外，它还起着分隔空间和导游的作用。在景观作用上，通过长廊及其柱子，可作透景、隔景、框景之用，使空间景观富于变化，起到廊引人随、移步换景的作用。廊的设计与功能需要和环境地势有关。

3. 水榭

在城市绿地建设中一般以水榭居多,其基本形式是:水边有一个平台,平台一半伸入水中,一半架立于岸边。低平的栏杆围绕着平台四周,中部建有一个单体建筑物,建筑物的平面以长方形居多。临水的一面比较开阔,柱间常设有供人休息的靠椅,以供游人坐息、观赏,如上海虹口公园水榭、桂林溶湖中的圆形水榭等。

4. 园桥

园桥在风景点游览过程中,在水陆间起着连接的作用,并能点缀水景,增加水面层次。因此,园桥兼有交通和艺术欣赏的双重作用。而园桥在造园艺术上的价值往往超过了其交通功能。

5. 花架

攀缘植物的花架是游人休息、赏景的又一场所。花架的造型灵活、独特,本身也具有观赏价值,多有直线、曲线、折线、单臂、双臂等形式。它与亭廊组合能使空间具有变化性,进而丰富了环境,人们在其中活动时也极为自然。此外,花架还具有组织园林空间、划分景区、增加风景深度的作用。藤本植物缠绕于花架之上为园林增添了一种生动活泼的生命气息。

6. 园椅、园凳

路边通常每隔一定的距离就设有固定的坐凳或椅子,这些凳椅虽然以功用为重,但它们的造型及布置也吸引了很多游人,深受游人的欢迎。公园、园林主要是市民休闲娱乐的场所,所以这些凳椅不应摆放得过于密集。另外,就坐于凳椅上,可以使游人缓解疲惫,此外还可以安静的感受自然,欣赏周围的景色,如杭州西湖在白堤、苏堤等处的椅子皆设在湖边,离道路有一定距离,而且面对水面，观景极佳，幽静宜人。

（二）服务及管理类园林建筑及环境小品

1. 园灯

园灯主要包括路灯、庭院灯、灯笼、地灯等。它属于园林中的照明设备，主要作用是供夜间照明，点缀黑夜的景色，同时，白天园灯又具有观赏的功能。因此，各类园灯不仅在照明质量与光源选择上有一定要求，而且也要考虑灯头、灯杆、灯座的造型设计。

2. 垃圾箱

垃圾箱是必不可少的园林小品，它对保持环境整洁起着重要作用。由于分布比较广泛，因此成了贯穿园林风格的统一要素之一。从固定的方式上进行分类，垃圾箱一般可分为独立可移动式和固定式两类。其形式可根据城市绿地风格的不同采用自然式、现代式等设计方式。

3. 栏杆

在园林建筑环境小品中，栏杆除了起防护作用外，还对活动范围及空间有着一定的划分，对游人起到一定的引导作用。在设计栏杆时应注意以其简洁、明快的造型，来点缀装饰园林环境，丰富园林景致。

（三）饰景类园林建筑及环境小品

1. 雕塑

雕塑虽然体量不大，且在城市园林中所占的比重很小，但蕴含着鲜明而生动的主题，给园林添色。雕塑根据造型的不同大致可分为人物雕塑、动物雕塑、植物雕塑以及表现我国珍贵文物的雕塑等类型。雕塑应用于城市园林中，需要统观整体，合理安排，避免题材重复和喧宾夺主。雕塑的造型与题材要服从整个景区的主题思想和意境要求。而园林的整体设计又要服从于雕塑题材，这样才能相互衬托、相得益彰，从而使雕塑在园林中焕发着艺术魅力。

2. 水景

水景主要是以设计水的形态为目的的小品设施，其中水的形态主要包括流、涌、喷、落、静五种。水景常常作为城市建设中某一景区的主景，极易吸引游人的眼球。在规则式园林中，常把水景设置在建筑物的前方或景区的中心，是中轴线或视线上的一种重要的点缀物。在自然式园林绿地中，水景小品的设计与周围景色相融合，常选取其自然常态。

3. 景墙、景窗

景墙、景窗的造景作用一方面通过其优美的造型来表现，更重要的是通过在园林空间上的组合表现出来的。我国园林空间变化丰富，层次分明，园林景墙在园林空间中起着分隔空间、衬托景物或遮蔽视线的作用，而墙上的景窗可用以分隔景区，使空间有一种似隔非隔之感，景物若隐若现，富于层次感。

三、园林建筑及环境小品的功能

园林建筑及环境小品是园林景观的重要组成部分，它们丰富了城市的景观、美化了人们的生活、为城市生活增添了无穷的趣味，特别是提高了城市的品位，使其拥有了精致的外形以及深刻的意蕴。实用功能和装饰功能是园林建筑及环境小品的两大功能，而对于某一种具体的园林建筑小品，其功能作用又因其自身的特点呈现出不同的形态。如坐凳是一种供人休息就座的设施，给人提供一个干净又稳固的就座地方，人们可以休息、等候、谈天、观赏、看书或用餐，它直接影响着室外空间的舒适和愉快感。

同时，独特造型的坐凳作为环境中存在的实体，还具有点景、组景的作用。花坛也起着改善环境质量，点缀、烘托景致等作用。不少环境小品都具有展示城市文化、体现时代精神等功能；而一些体量较大，有一定高度的小品如柱式、雕塑等，则具有共同形成局部城市天际线的功能等等。

园林建筑及环境小品是园林艺术环境中不可或缺的组成要素，它的功能十分丰富且非常重要，它以其丰富的内容，灵巧的造型，点缀着园林环境，并且活跃了景色、烘托了气氛、加深了意境。了解和理解它们的功能，主要是为了给设计园林建筑及环境小品提供一些理论依据。园林建筑及环境小品的功能价值主要表现在以下几个方面。

（一）观赏功能

在现代城市里，水泥和钢筋混凝土充塞了整个环境，我们的城市往往成为人工建筑物的堆砌体，冷漠而缺少生气，园林绿地的存在是对城市环境的一种美化，增添了城市的活力，而园林建筑及环境小品等主要是人们构筑精致生活，提高生活趣味的需要。造型、材质、色彩、组合的差异，冲击着人们的视觉。街道不再单调乏味，广场不再死板萧条，居住区不再嘈杂零乱……有了园林建筑及环境小品的点缀，城市环境变得赏心悦目，使人感到清爽、真实、温馨、优雅。我们的城市就是一所大房子，装修是对大环境的改善，而园林建筑及环境小品就是房中的装饰物。园林建筑与山水、植物要素相结合构成园林中的多彩画面，园林建筑及环境小品通常作为这些风景画的主景出现。

（二）适用功能

园林建筑及环境小品的作用是其他建筑、设施所不能替代的。纯粹的绿化与绿化同园林建筑及环境小品组合的效果是不同的，绿化无法代替园林建筑及环境小品，植物作为一种元素并不能表达所有的思想和意境，但人工处理过的喷泉、顽石、雕塑就可以成为整条街的亮点。如果一个场地只有铺装与绿地，它的单调性可能不会让人们长久停留。然而，如果添加了坐凳、柱式、景亭等园林建筑及环境小品后，也许会让人驻足欣赏，再放置一些垃圾箱、展示牌等小品，将使整体环境更加完善、清洁。

（三）文化功能

园林建筑及环境小品在自然物的基础上加入了人工的痕迹，因此必然会带有社会文化属性。园林建筑及环境小品作为一种三维的立体艺术品，它的文化价值是非常明显的。园林建筑及环境小品作为人类精神追求的产物，在设计过程中设计者和使用者加入了特定的美学观念并且赋予了它当地的文化内涵。在西方，很多小品、雕塑成为城市的标志。伊利尔·沙里宁曾经说过“让我看看你的城市，我就能说出这个城市的居民在文化上追求的是什么。”他的意思是说从城市的面貌中可以看到它的文化水平。它具体表现在城市的建筑、街道、公用设施和小品等方面，而园林建筑及环境小品是人们精致生活的具体体现，是城市的文明、文化程度的集中体现。

（四）审美功能

园林建筑及环境小品作为建立在物质基础上的精神产物，包含着设计者的情感因素以及审美追求，也包含着城市与环境所营造的情感特性。优秀的园林建筑及环境小品设计不仅能让人赏心悦目，而且还能给人以无限想象的空间。设计师通过模拟、象征、隐喻等手法的综合运用，创造出蕴涵情感的作品。设计中如果没有感情，那么也将没有灵魂。现代社会，随着生活节奏的加快，生活压力的加大，人与人之间交流的越来越少，关系也越来越淡漠，而那些优秀的园林建筑及环境小品激活了人们在心中深深埋藏的情感，让人们脱离现实的疲惫。当人们徜徉其中，身心就会得到放松，城市也不再显得那么冷漠、生硬。

随着园林建筑及环境小品变得公众化、平民化，城市居民大众的情感逐步融入小品之中。不同的小品能够激发人不同的情感。如街头的情景小品给人轻松、自然的感觉；园林中的小品给人以自由、愉悦的感觉；居民区里的小品给人亲切、随意的感觉；烈士陵园中的小品则显得庄严、肃穆、悲痛。城市正因为有了这些不同性质的小品，使其充满了人的情感，亲切、自然、舒适，成为适合人类生活的整体环境。

（五）环保功能

现代化进程的不断加快，城市污染问题已十分严重，并威胁着人类的生活健康。人们开始向自然回归，改善城市生活环境质量的活动正在展开。在这样的社会环境中，园林建筑及环境小品也成为重要的手段之一。园林建筑及环境小品与其他元素共同构成的优美的环境景观，有利于改善城市的环境质量。

园林建筑及环境小品在建设过程中运用到的植物、水体，可以起到调节气候、降低污染、消声、滞尘等方面的作用。随着人们对生活环境质量要求的提高，对大自然的向往，园林水景小品和园林植物小品在城市中将被更多地使用。其他园林建筑及环境小品在构成景观时，也多与植物相配合，以尽可能多地利用植物，产生尽可能大的生态效益。

（六）经济功能

园林建筑及环境小品的经济性主要表现为隐性经济价值。园林建筑及环境小品构建的良好生活环境和城市景观，成为旅游业中的一个亮点，推动了旅游业的发展；城市景观和生活环境质量的提高，使城市中的人们心情舒畅，提高了生产效率和服务质量，这也是经济价值的体现；城市环境的改善，使得城市形象和知名度大大提升，为城市提供了良好的发展空间。

因此，园林建筑及环境小品的经济价值十分可观。随着人们价值观念的改变，园林建筑及环境小品的经济价值也会逐步被人们认可和接受，这种极具潜力的经济价值将得到更好的体现，发挥更大的作用。

第二节　园林建筑及环境小品的具体设计

一、园林建筑及环境小品的设计原则

(一)重视深刻立意,造型独特

园林建筑与小品对人们的感染力不仅在形式的美,更在于其深刻的含义,要传达的意境和情趣。作为局部的主体景物,园林建筑与小品除了要有独特的造型外,还应具有相对独立的意境,更应具有一定的思想内涵,才能成为耐人寻味的作品。因此,在设计时应巧于构思。园林建筑与环境小品,应根据园林环境特色使之具有独特的格调,避免生搬硬套,切忌雷同。

(二)从整体着眼,合理布局

精于体宜是园林空间与景物之间最基本的体量构图原则。园林建筑与小品是园林的陪衬或局部的主体,与周边环境要协调。在不同大小的园林空间之中,应符合体量要求与尺度要求,确定其相应的体量。园林建筑与小品同时具备一定的实用功能,因此在组织交通、平面布局等方面,都应以方便游人活动为出发点,因地制宜地加以安排,使得游人的观赏活动得以正常、舒适地开展。如亭、廊、榭等园林建筑,宜布置在环境优美、有景可观的地点,以供游人休息、赏景之用;儿童游戏场应选择在公园的出入口附近,应有明显的标志,以便于儿童识别;餐厅、小卖部等建筑一般布置在交通方便,易于发现的地方,但不应占据园林中的主要景观位置等等。在进行布局的过程中应统观整体,根据建筑小品自身的特点、功能合理布局。

（三）立足于实用功能，满足技术要求

园林建筑与小品大多具有实用意义，因此除艺术造型美观的要求外，还应符合实用功能及技术要求。如园林栏杆具有各种不同的使用目的，因此对各种园林栏杆的高度，就有不同的要求；园林坐凳，要符合游人就座休息的尺度要求。

园林建筑与小品设计应综合考虑多方面的问题，因为其本身具有更大的灵活性，因此不能局限于几条原则，应举一反三，融会贯通。设计要考虑其艺术特性的同时还应考虑施工、制作的技术要求，确保园林建筑及环境小品的建造过程得以顺利开展。

二、园林建筑及环境小品的具体设计

园林建筑及环境小品根据其类别的不同，在设计过程中也各有不同，主要体现在以下几方面。

（一）休憩类设施的设计

1. 亭

亭是园林中最常见的一种建筑形式，《园冶》中说："亭者，停也。所以停憩游行也。"可见，亭是供人们休息、赏景而设的。亭在园林布局中，其位置的选择极其灵活，不受格局所限，可独立设置，也可依附于其他建筑物而组成群体，更可结合山石、水体、大树等，融入自然之中，充分利用各种奇特的地形基址创造出优美的园林意境，应注意其体量与周围环境的协调关系，不宜过大或过小，色彩及造型上应体现时代性或地方特色。

山上建亭，通常选用的位置有山巅、山腰台地、山坡侧旁、山谷溪涧等处。亭与山的结合可以建构出奇特的景观，成为一种山景的标志。亭子建立在山顶可以站在高处俯瞰，将山下景色尽收眼底，如图 6-6 所示。

图 6-6

临水建亭在中国传统园林中也有许多优秀的例子。临水的岸边、水中小岛、桥梁之上等处都可设立。水边设亭，一方面是为了观赏水面的景色，另一方面也是为了丰富水景效果。水面设亭，一般应尽量贴近水面，宜低不宜高，突出亭子为三面或四面水面所环绕，如图 6-7 所示。

图 6-7

水际安亭需要注意选择好观水的视角，还要注意亭在风景画面中的恰当位置。水面设亭在体量上的大小，主要依它所面对的水面的大小而定。位于开阔湖面的亭子尺度一般较大，把几个亭子组织起来，成为一个亭子组群，形成层次丰富、体形变化的建筑形象，给人留下强烈的印象。

除此之外，亭与园林植物的结合也可起到较好的效果。中国古典园林中，有很多亭的命名直接引用植物名，如牡丹亭、桂花亭、仙梅亭、荷风四面亭等。亭名因植物而出，再加上诗词牌匾的渲染，使环境意蕴十足。亭旁边种植物应有疏有密，精心布局，要有一定的欣赏、活动空间。

亭的设计在形式上也是多样的，从平面上可分为三角亭、方形亭、五角亭、六角亭、圆亭、蘑菇亭、伞亭等；依其组合不同又可分为单体式、组合式、与廊墙相结合的形式三类；从层数上看，有单层和两层，中国古代的亭多为单层，两层以上称作楼阁。后来人们把一些二层或三层类似亭的楼阁也称之为亭。

2. 廊

廊在园林设计中起到一种连接的作用，它将园林中各景区、景点联成有序的整体，虽散置但不零乱。廊将散落的建筑联成有机的群体，使主次分明，错落有致。廊可配合园路，构成全园交通、观赏及各种活动的通道网络，以“线”联系全园。同时，廊本身的构造在游览进程中形成了一系列的取景边框，增加了景物的层次性，增强了园林趣味。廊的形式丰富多样，其分类方法也较多，按廊的内容结构则可分为空廊、平廊、复廊、半廊等形式。

廊的位置选择多样，在园林的平地、水边、山坡等各种不同的地段上都可以建廊，由于不同的地形与环境，其作用及要求也是各不相同。

平地建廊常建于草坪一角、休闲广场中、大门出入口附近，也可沿园路或用来覆盖园路，或与建筑相连等。平地上建廊可以根据导游路线来设计，经常连接于各风景点之间，廊可以根据其两侧的景观效果和地形环境发生曲折变化，随形而弯，依势而曲，蜿蜒逶迤，自由变化，形成一种独特、自然的整体。

水上建廊一般称之为水廊，主要是起着欣赏水景及联系水上建筑的作用，形成以水景为主的空间，如图 6-8。水廊有位于岸边和完全凌驾水上两种形式。位于岸边的水廊，廊基一般紧接水面，廊的平面也大体贴紧岸边，尽量与水接近。在水岸曲折自然的情况下，廊大多沿着水边成自由式格局，顺自然之势与环境相融合。驾临水面之上的水廊，以露出水面的石台或石墩为基，廊基不应太高，最好使廊的底板贴近水面，并使两边水面能穿经廊下而互相贯通，人们漫步水廊之上，左右环顾，宛若置身水面之上，别有风趣。

图 6-8

山地建廊主要是供人游山观景和联系山坡上下不同标高的建筑物之用，同时也丰富了山地建筑的空间构图。爬山廊有的位于山边斜坡，有的依山势蜿蜒转折而上。

3. 花架

花架的位置选择比较灵活，公园隅角、水边、道路转弯处、建筑旁边等都可设立。在形式上可与亭廊、建筑组合，也可以单独设立在草坪之上。

花架在形式上可以采取附建式，也可以采取独立式。附建式即依附于建筑而存在。它应保持建筑自身统一的比例与尺度，在功能上除供植物攀缘或设桌凳供游人休息外，也可以只起装饰作用。独立式的花架可以在花丛中，也可以在草坪边，使庭院空间有起有伏，增加环境空间的层次，有时亦可傍山临池随势弯曲。花架如同廊道也可起到组织浏览路线和组织观赏景点的作用，布置花架时一方面要格调清新，另一方面要注意与周围建筑和绿化栽培在风格上的统一，如图 6-9 所示。

图 6-9

在建造材料的选择上，可采用简单的棚架，主要有竹、木，使得整体自然而有野趣，与自然环境协调，但使用期限不长。坚固的棚架，可以选用砖石、钢管或钢筋混凝土等建造，美观并且坚固、耐用，维修费用少。

花架的植物材料选择要考虑花架的遮阴和景观作用两个方面，多选用藤本蔓生并且具有一定观赏价值的植物，如常春藤、紫藤、凌霄、五味子、木香等。也可考虑如葡萄、金银花等有一定经济价值的植物。

（二）地面铺装的设计

地面是绿地空间的使用者，它的色彩、高差处理以及质感等方面会对人产生不同的影响。地面铺装主要有实际和观赏两个目的，其设计的效果对绿地的环境质量有着重要影响。

地面铺装是人们停留或进行活动的场所，因此要满足坚硬、耐磨和防滑的要求，同时地面可以有助于限定空间、标志空间、增强识别性，可以通过地面处理给人以尺度感。通过图案将地面上景物联系起来，以构成整体的美感。此外也可以通过地面的处理来使室内外空间与实体紧密相连，诙谐自然的铺装为人们营造了一处舒适的休闲空间。地面铺装的色彩、尺度、质感等外观效果也要进行全面的考虑。地面铺装在整个环境空间中只是起到背景的作用，因此色彩不宜过于鲜艳，避免与其他环境要素相冲突。

铺地材料的大小、质感、色彩要与场地空间的尺寸和谐统一，在较小环境空间中，铺地材料的尺寸就不应该太大，质感、纹理也要求细腻、精致；另外还应注重硬质铺地材料的图案设计，要与场地的形状、功能相结合，要使整个环境空间达到一种完美的效果，铺地图案设计必须做到简洁统一、突出重点。同时，铺地材料应与周边环境相协调，如丛林之中应设置木栈道。

（三）标志指引类设计

标志指引包括问讯指示、路线指示、厕所指示、电缆线指示等，是园林中传达信息的重要工具。重视园林中标识或标志牌的使用，标明设施及其特色，或者是植物的种类（可以寓教于园）。

各种标志牌（指示牌）的设计最主要是为了体现它的标识性，注意在颜色以及材料上的搭配，要注意艺术效果，既要做到与环境协调，又要鲜明突出；并应有宜人的尺度，其安置方式与位置必须有利于行人停顿观看，宜安置在各种场地的出入口、道路交叉口、分歧点及需要说明的地点，如图 6-10 所示。

标志牌（指示牌）可以采用多种材质，其框架的材料一般和展示部分的材料有所不同，并以此互为区别；同时最好与各种人工照明相结合，这样可供游人夜间使用，且增加了标志牌（指示牌）的表现力。

图 6-10

在园林绿化过程中，标志牌还起着指引游人行为的作用，对保护环境以及公共设施有着重要的影响，如图 6-11 所示。

图 6-11

(四)通讯卫生类设施的设计

1. 电话亭

园林中应设置一定数量的电话亭,以满足游人的不时之需。电话亭在建设中要考虑以下因素。

首先,在位置选择上,电话亭要建在人们容易到达的地方,应有一定的遮蔽设施,方便游人在雨天的使用。

其次,在高度上既要满足成年人的使用要求,不宜过低;又要关注到坐轮椅的老人或残疾人及儿童的使用,也不能太高,一般不高于 50cm。因此可以设置两部高低不同的电话机。另外,电话亭应注意外部造型,能够与周围环境达到和谐统一。

2. 垃圾箱

园林中的垃圾箱是人性化程度和城市的文明程度的反应。其设计应该首先满足使用功能的要求,要有一定的数量和容量,方便投放和易于清除,因此在位置选择上,多置于用餐或较长时间休息的地方,如小卖部、座椅等处。同时,设置垃圾箱的地方要干燥、不易积水,箱下部应有排水管道,且通风良好,投放清除垃圾方便。垃圾箱的形象应艺术化,和周围环境保持协调,应清洁大方,色彩明快。垃圾箱还要尺度适宜,便于投掷,高度一般在 80cm 左右。

3. 厕所

公共厕所的设计主要是满足人们的使用要求,干净整洁、朴素大方、造型美观,并充分考虑到养护、管理、维修等方面的问题。

(五)照明类设施的设计

园林内需设置园灯的地点很多,如园林出入口、广场、道旁、桥梁、喷泉、水池等地。园灯处在不同的环境下有着不同的要求。

在空间环境开阔的广场和水面，可选用发光效率高的直射光源，灯杆高度可依广场大小而变动，一般为5～10m。道路两旁的园灯，由于可能受到路边行道树的遮挡，一般不宜过高，以4～6m为好，间距应设在30～40m，不宜太远或太近，常采用散射光源，以免直射光给行人带来不舒适的感觉。在广场和草坪中的雕塑、喷水池等处，可采用探照灯、聚光灯等，有些大型喷水池，可在水下装设彩色投光灯，在水面上形成闪闪的光点。园林道路交叉口或空间转折处，宜设指示灯，方便游人辨别方向。

园灯的式样繁多，大体可分为对称式、不对称式、几何形、自然形等。但园灯的设计原则以简洁大方为主。因此，园灯的造型不宜复杂，不要施加烦琐的装饰，通常以简单的对称式为主。其具有实用性的照明功能，并以其本身的观赏性成为绿地饰景的一部分。此外，夜景灯光照明已成为绿地景观设计的一个重要手段。园灯的设计过程中既要注意环保和节能，又要注意防水、防锈蚀、防爆和便于维修等各种问题。

（六）拦阻与引导类的设计

园林中的栏杆主要起分隔空间、安全防护的作用，同时是对环境的一种装饰，丰富了空间景域。

栏杆的造型一般以简洁、通透、明快为特点，若造型优美、韵律感强，可大大丰富绿地景观。制造栏杆的材料很多，有木、石、砖、钢筋混凝土和钢材等。木栏杆一般用于室内，室外宜用砖、石建造的栏杆；钢制栏杆，轻巧玲珑，但易于生锈，防护较麻烦，每年要刷油漆，可用铸铁代替；钢筋混凝土栏杆，坚固耐用，且可预制装饰性花纹，装配方便，维护管理简单；石制栏杆，坚实、牢固，又可精雕细刻，增强艺术性，但造价较昂贵。此外，还可用钢、木、砖及混凝土等组合制作栏杆。

园林栏杆的设置是主要由其功能决定的。整体来看，主要作为维护的栏杆常设在地貌、地型陡峭之处，交通危险的地段，人流集散的分界，如岸边、桥梁、码头等的周边；而主要作为分隔空间的栏杆，常设在活动分区的周围、绿地周围等。在花坛、草地、树池的周围，常设装饰性很强的花边栏杆，以点缀环境。此外，还有坐凳式栏杆、靠背式栏杆，它们既可起围护作用，又可供游人休息就座，常与建筑物相结合，设于墙柱之间或桥边、池畔等处。栏杆的造型要力求与园林环境统一、协调，以栏杆优美造型来衬托环境，渲染气氛，加强景致的表现力。而栏杆的高度要因地制宜，充分考虑功能的要求。作为围护栏杆一般高度为0.9～1.2m，其构造应粗壮、坚实；一般分隔空间用的低栏杆高度为0.6～0.8m，要求轻巧空透，装饰性强；园林的草坪、花坛、树池周围设置的镶边栏杆，其高度为0.2～0.4m，要求造型纤细、简洁、大方。

（七）饰景类设施的设计

1. 雕塑

好的景观雕塑又被称作"凝固的音乐""立体的画""用青铜和石头写成的编年史"等美誉，它具有教育和陶冶性情的作用。而且，其独特的个性赋予空间以强烈的文化内涵，它通常反映着某个事件，蕴含着某种意义，体现着某种精神。雕塑广泛运用于园林绿地的各个领域。园林雕塑是一种艺术作品，不论从内容、形式和艺术效果上都十分考究。

环境雕塑在设计上应考虑整体性、时代感，与配景之间的有机结合以及工程技术等方面的因素。环境雕塑在设计时，一定要综合考虑周围的环境特征、文化传统、城市景观等方面的因素，然后确定雕塑的形式、主题材质、体量、色彩、比例位置等，使其和周围的环境协调统一。环境雕塑的主要目的是美化环境，此外雕塑还应体现时代精神和时代的审美情趣，因此在取材方面应注意其内容、形式要适应时代的需求，应具有前瞻性。同时，雕塑应注重与水景、照明和绿化等不同类别环境的配合，以构成完整的环境景观。

2. 景墙与景门

园林内部的墙，称为景墙。景墙是园林空间构图中的一个重要因素。其主要功能是分隔空间，还有衬托景观、装饰美化及遮挡视线的作用。景墙的形式有波形墙、漏明墙、白粉墙、花格墙等。在中国江南古典园林中多采用白粉墙。一方面白粉墙面与屋顶、门窗的色彩形成明显的对比，另一方面能够衬托出山石、竹丛、花木的多姿多彩。景墙上常设的漏窗、空窗、门洞等形式虚实、明暗对比，使窗面的变化更加丰富。漏窗的形式有方形、长方形、圆形、六角形、八角形、扇形及其他不规则形状。

景门由于不用门扇，因此又称为六洞。景门除了供游人出入的基本功用外，同时也是一幅取景框，也就是所说的框景。景门的形状多样，而在分隔主要景区的景墙上，常用简洁而直径较大的圆景门和八角景门，便于流通。在廊和小庭院、小空间的墙上，多用尺寸较小的长方形、秋叶形、葫芦形等形状轻巧的景门。

第七章 环境景观照明设计

景观照明设计不仅可以通过对灯光的运用来表现出环境的景观主题,更为重要的是可以通过景观照明设计使其把和谐理念融入人们居住的环境中,使大众能够感受到愉快和享受。

第一节 环境景观照明设计的理论基础

一、光与人的关系

人通过视觉、听觉、嗅觉、味觉、触觉等感觉来获取外部信息,了解周围世界。据报道,人类有80%的信息是通过视觉渠道来获取的。视觉是由进入人眼的辐射所产生的光感觉而获得的对外界的认识。视觉不是瞬间即逝的,其过程和特性都比较复杂,至今还存在我们未知的一些领域。视觉体验的过程是由大脑和眼睛密切合作而形成的。

人的视觉系统类似于图像识别系统,主要由三个部分组成:眼球肌、眼睛的光学系统和视神经系统。眼睛在眼球肌的作用下运动,捕捉光线,光线通过眼睛的光学系统将光线聚集在视网膜上,并通过生物电化学作用传输到视神经,最终传输至大脑,产生光的感觉或产生视觉,如图7-1所示。

光线通过眼睛发生的主要光学过程为:当波长为380～780nm的可见光辐射进入眼睛的外层透明保护膜后,发生折射,光线从角膜进入瞳孔，进入的光量通过瞳孔的收缩或者扩张自动地得到调节。光线通过瞳孔和晶状体后，由晶状体和透明玻璃状体液将光线聚集在视网膜上。

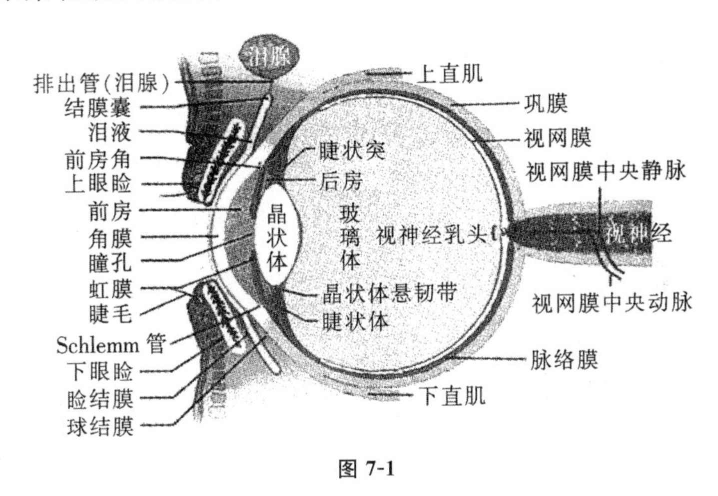

图 7-1

二、地球夜景与光污染

以下几幅图片是宇航员所拍摄的从外太空看到的地球夜景，光亮越多的地方，人越多，说明这些地方的自然环境适合人居住，如图 7-2 所示。换言之，地球夜景光亮越多的地方有着高度现代文明。

图 7-2

地球不同地区的城市可以通过不同的灯光颜色加以辨别。例如图 7-3 所示，日本的东京——以更为偏冷的青绿色为主，不同于世界其他地区；东京湾沿岸遍布的橙色斑点乃是橙色钠灯，相比之下，内陆则多为清白色的汞灯、金卤灯及 LED。

图 7-3

图 7-4、图 7-5 揭示了以灯光贯穿整个城市的高速公路显示出了城市中弯弯曲曲的街道。随着人口膨胀和城市扩张，个别城市将合并成更为明亮的斑点。更多公路将把这些城市连接在一起，形成一张明亮的带状结构网络，横跨各个大陆。

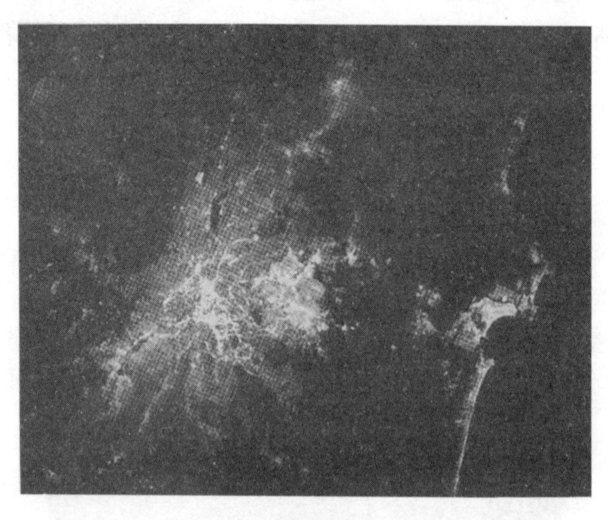

图 7-4

图 7-5

人类在享受着现代照明的同时，也在破坏着我们赖以生存的地球生态环境。大量的照明加速了对大气二氧化碳排放；二氧化碳排放加速了地球温室效应，引起了灾难性气候变化；投射向天空的无效光照明是光污染。人工照明破坏了幽美的夜空，改变了自然生态环境。

三、光与影的渲染

室外景观照明与一般的室内照明有着很大的不同，一般来说，室内照明主要强调的是照明的功能性，以达到满足基本的视觉需要为主要的目标。而室外景观照明除了要满足基本的视觉要求外，更加注重整体的照明效果和环境的美感。通常来说，色彩和明暗是最为主要的两大要素。

首先我们可以借鉴图 7-6 所示的“重点照明系数”来直观理解明暗对比强烈程度所引起的不同视觉效果，重点照明系数等于需要表现照明主体表面的照度值与其背景照度值的比值。

表 7-1 罗列了不同重点照明系数下所产生的视觉效果。

图 7-6

表 7-1　不同重点照明系数所产生不同的视觉效果

重点照明系数	视觉效果
2∶1	明显的
5∶1	低戏剧性的
15∶1	戏剧性的
30∶1	生动的
50∶1	非常生动的

如图 7-6 所示，在光色、投射光方向及角度都不改变的情况下，仅仅增加光强度，所产生的明暗光影效果就形成了截然不同的视觉效果，而视觉效果往往带来相应的心理感受及照明体验。如果在改变光线强弱的同时，改变光线的投射方向与角度，则可以形成更多不同的体验和感受，如图 7-7 所示。

图 7-7

20 世纪八九十年代的景观照明往往以追求明亮为主，老百姓也喜欢看到灯火通明，亮如白昼的夜景观，这符合时代特点与需求。进入 21 世纪后，随着人民生活水平的不断提高，对于景观照明也提出更高层次的精神需求，时代气息以及文化传承的要素在越来越多的景观照明案例中得到体现。如图 7-8 所示，即一景观照明小品，原本废弃的巨型乱石，通过明暗及色彩对比的组合，就形成了一道风景。

图 7-8

再如图 7-9 所示的古城墙建筑围绕的街心公园，强烈的光影对比映衬出历史的厚重，树影婆娑，错落有致，夜晚漫步其间，让人思考历史的变迁、生命的意义。

图 7-9

四、色彩和谐

色彩和谐主要是指两种或者是多种颜色统一而协调的组合在一起,并使人产生精神愉快,从而满足人们的视觉需求和心理平衡的一种色彩搭配的关系。色彩设计是一个复杂的工作,它涉及很多的因素,需要根据所设计的实物、目的功能、画面和环境的用途等这些因素,考虑到所需要的色彩、材质和形态之间的关系,对色彩进行选择和组合,确定主色和从色、背景色和图色等,最终达成整体色彩的均衡和和谐。

在实际景观照明设计中,我们所指的色彩和谐通常指色相的调和。在此我们仅对色相和谐配色作简单介绍,所谓色相配色是指以色相为主的配色。其配色的形式用色相环中各色相之间所成的角度或者色相差进行记述,如图 7-10 所示。可以分为同一色相配色、类似色相配色,对比色相配色和补色色相配色。邻接色相和中差色相各两个区域属于暧昧区域,即既非类似又非对比,不容易处理好配色关系,故应避免。

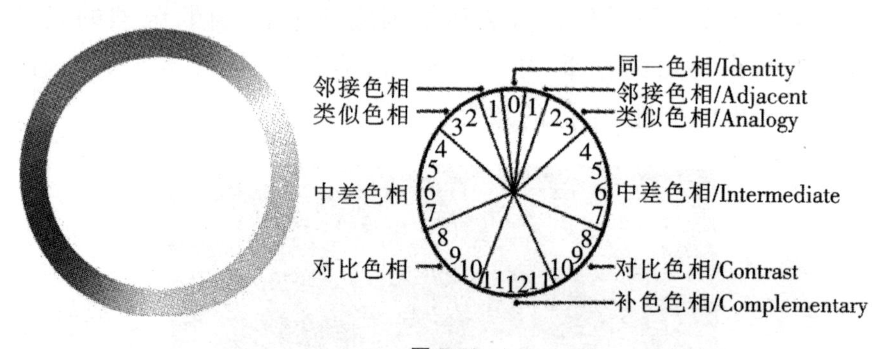

图 7-10

同一色相配色是只选用一个色相,在明度与纯度上进行变化(加黑、白、灰)后进行配色,同一色相配色是统一性很高的和谐配色,如图 7-11 所示。但如果色调过于类似,会显得单调,这也是一种不和谐。

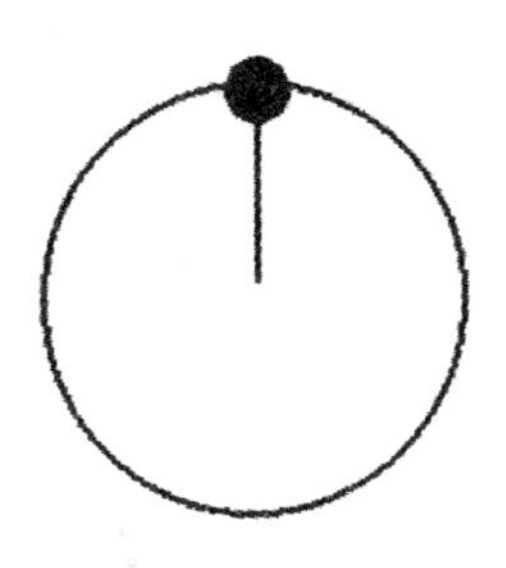

图 7-11

类似色相配色是选用 30°～60°间的色相(色相环的 0 与 2 或 3)进行配色,由于其类似性,容易产生和谐感,如图 7-12 所示。类似色相配色在色调处理上选择余地较大,可以用对比色调,也可以用渐变或类似色调进行配色。这样的配色在包装、服装及室内设计上用得比较普遍。

图 7-12

对比色相配色包括处于色相环上的 120°～150°的色相(色相环上 0 与 8、9、10)之间的对比色相配色和处于对极位置上的补色色相(色相环上 0 与 11、12)之间的补色色相配色两类,如图 7-13 所示。这种配色因色相的对比关系明显,具有明快、活泼、强烈甚至刺激性、戏剧性的效果。但如果处理不好，会产生令人烦躁的不和谐感觉。可以通过用类似色调、同系色调或者色调渐变的方法进行调整。也可以无彩色分隔的方法达到和谐的目的。

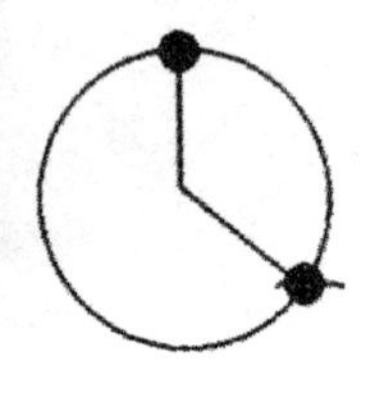

图 7-13

第二节　环境景观照明的具体设计

在环境景观照明设计实践中，通常会涉及多方面的内容，如建筑照明设计、道路夜景照明设计、公共设施小品照明设计、广场空间夜景照明设计、园林绿地灯光环境与夜景观细化设计等。本节内容主要对环境景观照明的具体设计进行专门的介绍。

一、建筑照明设计

通过照明的亮度变化、光影变化，可以更好地展示建筑物的特点，真实或戏剧性地表现建筑中蕴含的生活场景是夜景观内在和外在展示的重要内容。从这个角度来考虑，就需要在规划设计时对建筑的使用功能、建筑风格、结构特点以及建筑周围环境等方面的情况进行综合考虑，在建筑设计中直接融合夜景的表达。

根据灯具投射方式的不同，可以把建筑照明分为泛光照明、装饰照明、轮廓照明和内透光照明等形式。在环境景观照明设计工作中，需要根据建筑面层材料的特征来选取合理的照明方式。例如，欧洲古典建筑往往具有体积感、雕塑感强的特征，其面层材料以毛面石材等扩散反射材料为主，因而适合泛光照明；我国古建筑有许多上部造型变化丰富的大屋顶，在夜景表现设计时，应该以轮廓照明为主，结合局部泛光照明，可以更好地勾画出美丽、丰富、跳跃的线条，获得较好的艺术效果。

二、道路夜景照明设计

一般来说，道路表现为线的形式，是区域功能结构的重要组成部分，也是居民公共生活的主要空间。在道路夜景照明设计工作中，必须遵循以下几项基本原则。

第一，保证各种场地功能和活动所需的照度水平，满足视觉要求。

第二，避免光污染。

第三，保证场地标志、交通标志的诱导功能不受干扰。

第四，选择经济适用的电光源，并合理选择灯的安装位置，与白天的景观统一。

第五，灯饰造型统一，强化识别性，平常照明与节日照明相结合。

第六，分级规划沿街广告照明。

三、公共设施小品照明设计

公共设施小品是构成公共空间景观的基本元素，也是整个景观系统内容的具体体现。在公共设施小品照明的规划设计工作中，必须要遵循以下几项基本原则。

第一，保持设施的综合统一，强化识别性。既要保持各类系统系列特性，又要强调设施小品的整体统一性。

第二，满足夜视要求与使用安全。

第三，部分设施在满足自身功能的前提下，可以与广告结合，设立结合广告的设施综合体，利于设施的维护和经济效益的发挥。

第四，避免眩光。控制灯具光源的照度，并合理选择其安装位置。

第五，平时照明与节日照明统一安排。

四、广场空间夜景照明设计

广场是居民社会活动的中心，通常包含标志性建筑物和小品设施，是区域文化和艺术面貌的集中体现。在广场空间夜景观照明设计工作中，必须要遵循以下几项原则。

第一，通过各种灯光技法强化广场夜间环境主体，以形成主题突出的夜环境。

第二，保证广场全局空间序列的合理性。

第三，明确广场的属性、特征，营造广场氛围、特色及整体效果，为照明设计提供明确的理念原则和依据。

五、园林绿地灯光环境与夜景观细化设计

（一）园林绿地照明灯具的选择

在选择园林绿地照明灯具时，要求所选灯具在夜晚能够满足功能性照明及艺术性照明。具体来说，光源的选择要遵循高效、节能的原则，同时还要选择适宜的光色来更好地体现设计意图，烘托环境气氛（表 7-2）。

表 7-2 光源与灯具选择表

灯具种类	常用光源	适用场合	说明
庭院灯（杆式照明器）	白炽灯、荧光灯、金属卤化物灯	可布置于园路、广场、水边以及庭院一隅，适于照射路面、铺装场地、草坪等	高度为4.0～5.0m，光照方向主要有下照型和防止眩光的漫射型
草坪灯	汞灯、白炽灯、金属卤化物灯	主要用于照射草坪	高度≤1.2m
泛光灯（投光灯）	金属卤化物灯、高低压钠灯	主要用来照射园林建筑、景观构筑物、园林小品、雕塑、树木、草地等	按光束的宽度可分为窄光束、中度宽光束和宽光束
埋地灯	汞灯、高低压钠灯、金属卤化物灯	用于硬质铺装场地中构筑物、园林小品照明，以及草地中置石、树丛照明	部分灯型可用作埋地射灯
彩色串灯	微型灯泡	可用于树冠、花带、花廊等轮廓装饰	彩色串灯又称防水树灯，是一种新型高档的节日彩灯，采用经过环氧树脂绝缘处理的微型灯泡（4mml，6V，100mA）串并联而成，形成一条条色彩丰富的路灯带
光带	紧凑型节能灯、霓虹灯管、美耐灯、导光管	适合于园林建筑、墙垣的轮廓照明及道路台阶、水池等的引导性照明	美耐灯又称为塑料霓虹灯（或彩虹管），是将若干由钨丝发光的微型灯泡串藏于软性PVC材料管中，通电可发光的一种柔性灯带
造型灯（景观灯）	光纤、美耐灯、发光二极管（LED）	可做成各种造型，如礼花灯、椰树灯、红灯笼等，用于绿地夜景装饰	主要用于饰景照明

（二）园林绿地环境照明方式

灯光在绿地中的主要作用不仅仅是在夜间提供适合的照度，同时还要运用各种照明方式表现各造园要素，即树、花、草、水景以及各式园林小品的魅力。具体来说，根据所选用照明灯具及投射方式的不同，可以将园林绿地环境照明方式分为以下几种。

第一，泛光照明。即运用泛光灯、草坪灯等照射被照物，体现其形态、造型、质感等方面的特征。在园林绿地环境照明设计实践中，泛光照明方式多用于照射园林建筑、树木、草地和雕塑小品等。

第二，轮廓照明。即运用紧凑型节能灯、霓虹灯管、美耐灯等发光器具，勾勒被照物的形体和轮廓，体现建筑的造型美或方向感。在园林绿地环境照明设计实践中，轮廓照明方式多用于园林建筑、大型景观构筑物、绿地墙垣、园路等照明。

第三，内透光照明。即把灯光放置在被照物内部，使光线由内向外照射。在园林绿地环境照明设计实践中，内透光照明方式有利于加强被照物的空间感和体量感，多用于园林构筑物、树木、喷泉等照明。

第四，饰景照明。即运用彩色串灯、霓虹灯、LED灯等照明器具，营造灯光雕塑、灯饰造型、灯光小品等。在园林绿地环境照明设计实践中，饰景照明方式主要用于烘托环境气氛。

需要强调的是，植物是夜景元素中唯一有生命的景观，这是环境景观的一大特色，因而在园林绿地灯光环境与夜景观设计时还必须要注意不同植物种植方式的照明设计。总的来说，植物种植方式主要可以分为单棵植物、树群、草坪和灌木，其各自适合不同的照明方式。例如，适合单棵植物的照明方式有下照式、背光式上照、轮廓式、全方位上照等；由于草坪和灌木通常比较低矮，人们观看的视线是自上向下，因而一般采用蘑菇式灯具向下照射。

第八章　公园景观设计

在现代社会中，公园的存在给人们的室外活动和游览参观提供了重要场所。而且，人们在游览参观公园时，通常希望得到愉悦身心的效果，这就需要公园有良好的景观设计。

第一节　公园的分类

公园按照一般的定义，可以分为综合公园、专类公园、带状公园、社区公园、森林公园、邻里公园、花园等类型。在本节内容中，将对综合公园、专类公园和森林公园进行具体阐述。

一、综合公园

综合公园是公园系统的一个重要组成部分，能够为城市居民的文化生活提供重要支持。

（一）综合公园的定义

所谓综合公园，就是“内容丰富，有相应设施，适合于公众开展各类户外活动的、规模较大的绿地。综合公园是具有较完善的设施及良好环境，可供游客和居民游憩休闲、游览观光的，有一定规模的城市绿地”[①]。

---

① 蔡雄彬，谢宗添：《城市公园景观规划与设计》，北京：机械工业出版社，2013年，第36页。

（二）综合公园的任务

综合公园既具有一般城市绿地的作用，也承担着以下几个重要任务。

（1）为人们的休息、娱乐、增强身体健康等提供重要支持。

（2）对党和国家的政治、方针、重大决策等进行宣传，以使人们更加拥护党和国家。

（3）举办一些节日游园活动，增强人们之间的团结。

（4）举办一些国际友好活动，增强国际间的交流。

（5）为党、团和少先队组织活动提供重要的场所支持。

（6）对新的科技成就进行宣传，对科学知识、工农业生产知识以及国防军事知识等进行普及，以使人们的科学文化水平得到提高。

（三）综合公园的类型

综合公园依据其在城市中的位置以及服务范围，可以分为市级综合公园和区级综合公园两类。

1. 市级综合公园

市级综合公园有着丰富的活动内容和完善的基础设置，服务对象是全市居民，因而在确定其面积时要切实依据全市居民的总人数。通常来说，中、小城市可以设置1～2处、服务半径为3～4km的市级综合公园；大城市、特大城市则可以设置五处或以上、服务半径为4～5km的市级综合公园。北京的陶然亭公园、上海的长风公园就是典型的市级综合公园。

2. 区级综合公园

区级综合公园有着较为丰富的活动内容和较为完善的基础设施，服务对象是市内一定区域的居民，因而在确定其面积时要切实依据区域居民的总人数。通常来说，区级综合公园应注意突出特色，且以在城市各区设置1～2处为宜，服务半径则以1～1.5km为宜。青岛市的观海山公园、昆明的海埂公园就是典型的区级综合公园。

（四）综合公园的位置选择

在选择综合公园的位置时，需要遵循一定的要求，具体来说有以下几个。

（1）要有较为便利的交通，能与城市的主要道路相连，以方便居民使用。

（2）要有稍微复杂的地形，既要有较为平缓的坡地，也要有起伏较大的坡地，以方便公园布置和丰富园景。

（3）要有质量较适宜的水面及河湖，以方便开展一些水上活动，进而使公园的活动内容得到丰富。

（4）要有较为优越的自然资源、较为丰富的人文资源以及较多的树木和古树，以保证公园的建设投资少、见效快。

（5）要具备一定的发展备用地以及扩大规模的可能，以保证能可持续地发展。

（五）综合公园的功能分区

综合公园通常会有一定的功能分区，其中最常设的功能分区有以下几个。

1. 观赏游览区

观赏游览区是人们进行游览、赏景和休息的区域，通常游人较多。一般来说，观赏游览区应选在有优美的山水景观的地方，并结合所在地方的名胜古迹和历史文物等进行专类园的建造（如花卉园、盆景园等），还要配置一些亭、廊、假山、树木、摩崖石刻、雕塑等，以营造出浓郁的情趣和清幽典雅的氛围。

观赏游览区的布局是十分灵活的，既可以布置在远离公园出入口的地方，也可以布置在有开阔视野、起伏地势的地方；既可以分块布置(但要注意使各块保持一定的联系),也可以与其他功能区穿插布置。

2. 文化娱乐区

文化娱乐区是使人们在游乐中获得科学文化教育体验的区域,具有多游人、多活动场所、多活动形式、高集散要求等特点,因而在一定程度上可以说是综合公园的中心。

文化娱乐区以阅览室、展览馆、游艺室、剧场、音乐厅、文艺宫、青少年活动室、讲座厅、画廊、棋艺室、舞厅等为主要设置;通常布置在公园的中心位置或是重要节点处,但要尽量与公园的出入口相连,以便于游人的快速集散。

3. 儿童活动区

儿童活动区是为促使儿童的身心得到健康发展而设立的区域,在确定其规模时要切实考虑公园的位置、地形条件、用地总面积、周围的人口规模、儿童的数量等。

通常来说,儿童活动区的设施要与儿童的特点和心理相符合,以小尺度的造型和鲜明的色彩为主,如滑梯、秋千、跷跷板等;儿童活动区的游戏娱乐场所如少年宫、阅览室、障碍游戏室等,要切实依据儿童的年龄来设置;儿童活动区最好布置在公园的入口处,以便于儿童进出。

4. 老年活动区

老年活动区是为老年人开展娱乐、健身活动而开设的区域,通常应设在环境优美安静、风景宜人的地方。

5. 体育活动区

体育活动区是为了满足青年少进行体育活动、锻炼身体而设立的区域,具有多游人、对其他项目干扰大等特点。通常来说,体育活动区可以设置各种各样的场地,如篮球场、游泳馆、乒乓球馆等;应充分利用地势优势,并尽量设置在与城市主干道相靠近的地方。

6. 安静休息区

安静休息区以有一定起伏地形、茂盛树木和如茵绿地的地方为理想区域;通常在隐蔽处进行设置(如远离公园主入口的地方),且宜散落和素雅。

7. 园务管理区

园务管理区是为了对公园的各项活动进行管理而设立的,通常设置在靠近专用出入口、有方便的水源、方便内外交流的地方。

园务管理区的设施主要有办公室、接待处、工具房、食堂、职工宿舍、治安保卫处、派出所等。

二、专类公园

通常来说,专类公园包括植物园、动物园、主题公园、儿童公园、体育公园、遗址公园、湿地公园、纪念性公园等多种类型。在这里,将对动物园、儿童公园、主题公园、体育公园和湿地公园进行具体阐述。

(一)动物园

动物园是伴随着社会经济文化、人民生活水平以及科学教育的不断发展而产生的。它通过展出野生动物,对有关野生动物的科学知识进行宣传和普及,进而对人们进行科普教育。

1. 动物园的定义

所谓动物园,就是对野生动物以及少量的优良品种的家禽、家畜进行饲养、展览和科研的公共绿地。

2. 动物园的任务

动物园除了要对游人观赏游览的需要进行满足外，还承担着以下几个重要任务。

(1)对与动物相关的科学知识进行普及，以使人们更好地认识和了解动物。

(2)作为中小学生学习动物知识的一种直观教材。

(3)作为动物学专业的学生实践和丰富动物学知识的重要实习基地。

(4)对动物的习性、饲养、繁殖、驯化、病理与治疗等进行深入的研究，进而对动物进化变异的规律进行揭示，为新的动物品种的创造奠定基础。

(5)对我国与国外的动物赠送及交换活动进行宣传，以进一步增进国际之间的友谊。

3. 动物园的类型

动物园依据不同的位置、规模和展出方式，可以分为以下几种类型。

(1)城市动物园

城市动物园通常布置在城市的近郊区，有着较大的面积、丰富的动物品种和比较集中的动物展出。北京动物园(图 8-1)、上海动物园便是典型的城市动物园。

(2)人工自然动物园

人工自然动物园通常布置在城市的远郊区，也有着较大的面积；只有几十个动物品种进行展出，且展出的动物以群养或是敞放的方式为主。台北野生动物园、深圳野生动物园便是典型的人工自然动物园。

(3)自然动物园

自然动物园通常布置在有着优美的自然环境、丰富的野生动物资源的自然保护区、森林或是风景区；面积较大，而且展出的动物是以自然状态进行生存的。四川都江堰国家森林公园便是典型的自然动物园。

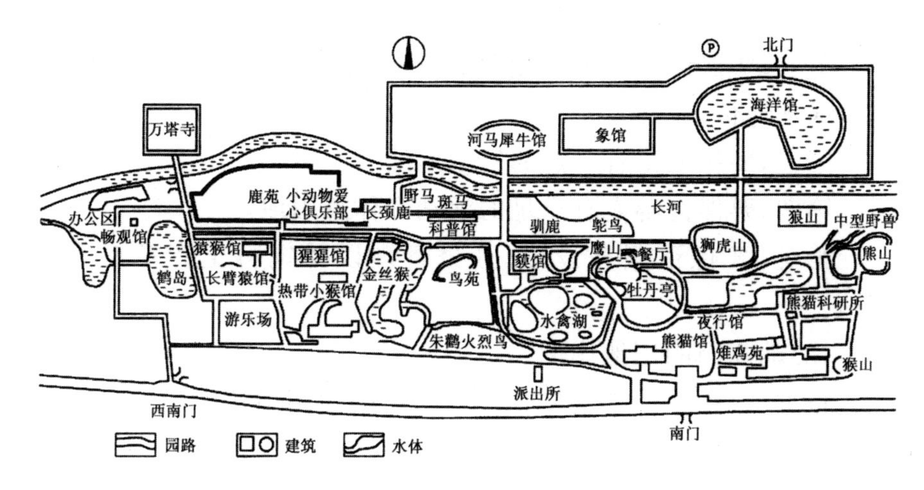

图 8-1

(4)专类动物园

专类动物园通常布置在城市的近郊,有着较小的面积、较少的动物展出品种,但是展出的动物品种有着浓郁而鲜明的地方特色。泰国的蝴蝶公园便是典型的专类动物园。

4. 动物园的用地

(1)动物园的用地规模

①动物园用地规模的影响因素

动物园的用地规模受到很多因素的影响,具体来说有以下几个。

第一,动物园所在城市的性质及总体面积。

第二,动物园的类型。

第三,动物园中动物的品种、具体数量以及动物笼舍的营造形式。

第四,动物园的整体规划和总体风格。

第五,动物园所在地区的自然条件和周围环境。

第六,动物园建造所获得的经济支持。

②动物园用地规模的确定依据

在确定动物园的用地规模时，要切实依据以下几个方面。

第一，要保证动物笼舍有足够面积。

第二，要保证不同的动物展区之间有一定的距离，且要有适当的绿化地带。

第三，要保证留有一定的后备用地。

第四，要保证游人有充足的活动和休息用地。

第五，要保证服务设施、办公管理以及饲料生产基地等的用地。

(2)动物园的用地比例

依据《公园设计规范》的要求，动物园的用地比例应符合一定的要求，具体如表 8-1 所示。

表 8-1　动物园用地比例

	规模(hm^2)	园路铺设(%)	管理建筑(%)	游览、休息、服务、公共建筑(%)	绿化(%)
动物园	＞20 ＞50	5～15 5～10	＜1.5 ＜1.5	＜12.5 ＜11.5	＞70 ＞75
专类动物园	2～5 5～10 10～15	10～20 8～18 5～15	＜2.0 ＜1.0 ＜1.0	＜12 ＜14 ＜14	＞65

(3)动物园的用地选择

在对动物园的用地进行选择时，需要从以下几个方面着手进行详细考虑。

①地形条件

动物园中有着多种多样的动物品种，而且它们需要的生态环境也有所不同。因此，在选择动物园的用地时，要注意选择有着较丰富的地形形式的地段(图 8-2)。

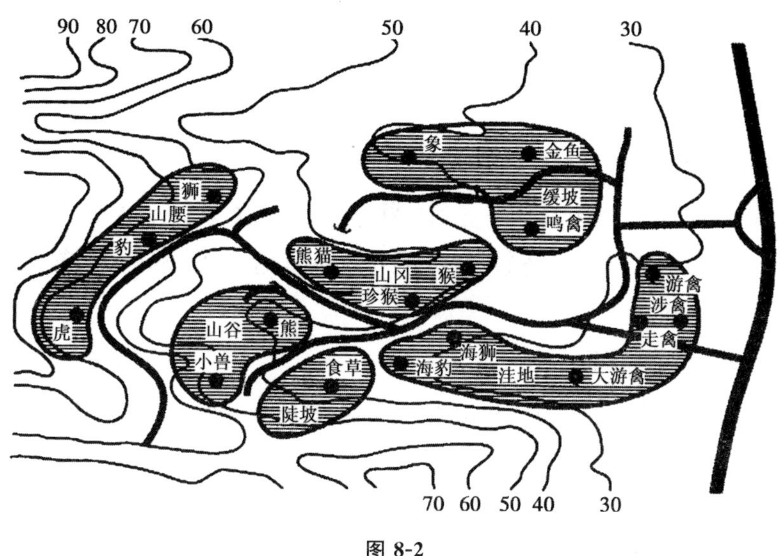

图 8-2

②交通条件

一般来说，动物园中既有着十分集中的客流量，也有着较多的货物运输量，因此需要将动物园建在交通条件较好的地段。

③卫生条件

动物园中饲养有大量的动物，产生各种叫声、发出恶臭或传染疾病都是有可能的，因此需要将动物园建在与居民区有适当距离的地段，且最好处于风的下风向以及河流的下游。另外，选择的动物园用地要通风条件良好，周围有卫生防护带与居住区相隔等。

④工程条件

在选择动物园的用地时，也要考虑到是否方便进行施工。因此，动物园用地应多选择在地基良好、水源充分、地下无流沙现象的地段，以利于对动物笼舍的建设、对水池以及隔离沟的挖掘等。另外，选择的动物园用地也要有良好的水电供应。

5. 动物园的功能分区

动物园通常会有一定的功能分区，其中最常设的功能分区有以下几个。

(1)动物展览区

动物展览区的用地是整个动物园中最大的区域,主要由各种各样的动物笼舍构成。

(2)服务休息区

服务休息区是由接待室、休息亭(廊)、服务站、小卖部、饭馆等构成的。它的布置是较为松散的,通常在全园都有分布,目的是便于游人使用。

(3)科普教育区

科普教育区主要是由动物科普馆构成的,通常在动物园的出入口位置布置。

(4)隔离区

隔离区的存在,能够使动物园的绿化覆盖率得到一定程度的提高,也能够在一定程度上减少或预防疾病传播。

(5)管理区

管理区主要是由行政办公室、饲料站、检疫站等构成的,通常在园区较为偏僻、隐蔽的地方进行布置,并要布置一定的绿化带进行隔离。另外,管理区所处的位置要有方便的交通与动物展览区、科普教育区等相联系,而且要有专用的出入口。

(6)职工生活区

通常来说,考虑到避免干扰、保证卫生安全的要求,职工生活区多是在动物园附近另设的。

6. 动物园的布局

(1)动物园的布局方式

动物园的布局方式,具体来说有以下几个。

①按照动物的进化系统进行布局

按照动物的进化系统进行布局,有利于游人对动物进化的概念形成清晰、准确的认识,进而更好地对动物进行识别。但是,按照动物的进化系统进行布局,常常要将具有不同生活习性的同一类动物放在一起,从而给饲养、管理带来了很大困难。

②按照动物的食性和种类进行布局

按照动物的食性和种类进行布局，有利于进行饲养和管理。

③按照动物的原产地进行布局

按照动物的原产地进行布局，有利于游人对动物的原产地及生活习性有更加深入的了解，还能使游人对动物原产地的建筑风格、景观特征及风俗文化等有一定的了解。但是，按照动物的原产地进行布局，难以使游人对动物进化的概念形成一个宏观理解，而且也给饲养、管理带来了一定的困难。

需要特别指出的是，在进行具体的动物园布局时，既可以单独运用以上一种布局方式，也可以对以上布局方式进行综合运用。

(2)动物园的布局要求

在进行动物园的布局时，还需要符合一定的要求，具体来说有以下几个。

第一，要形成明确的功能分区。

第二，要保证性质不同的交通不会互相干扰，并要具有一定的联系。

第三，要使主要的公共建筑、动物笼舍、动物园的出入口广场及导游线形成方便的交通联系，以方便游客进行参观。

第四，导游线的设置要与游人的行走习惯相符合。

第五，要使园内所有的道路路面都方便进行清洁。

第六，要使园内的主体建筑处于开阔的地段上，且与主要的出入口相对。

第七，要在园的四周建砖石围墙、隔离沟或林墙等，以防动物逃出，造成伤人事件。

第八，要在园的四周建一般的出入口和专用的出入口，以保证特殊事故发生时能够对游人进行安全疏散。

(二)儿童公园

1. 儿童公园的定义

儿童公园一般指“为少年儿童服务的户外公共活动场所，强调互动乐趣的功能性，一般常见于市内或郊区。同时儿童公园也强调了使用者主体的特殊性，一般作为儿童成长的重要社会活动场所”[①]。

2. 儿童公园的类型

根据儿童公园的性质可将其分为综合性儿童公园、特色性儿童公园、一般性儿童公园和儿童游戏场。

综合性儿童公园如迪士尼乐园等，它的设施齐全，活动内容丰富，可以为儿童提供科普教育、游戏娱乐、培训管理、游览观光、体育运动等服务。

特色性儿童公园如儿童植物园、儿童体验园等，它的服务内容偏重于某一方面的专题，能够为儿童发展自我的某一方面要素或特征提供支持和服务。

一般性儿童公园如社区儿童公园等，它主要为一定区域内的儿童提供服务，内容虽然不全面，但方便实用。

儿童游戏场如儿童乐园等，它一般独立存在或附属于其他城市公园或景区内儿童游戏场，设施简易，但能够为儿童游戏娱乐提供场所和服务。

3. 儿童公园的功能分区

从功能方面来看，儿童公园可分为以下几个区域。

(1)幼年儿童活动区

幼年儿童活动区是供 6 岁以下儿童游戏的活动场所。

(2)学龄儿童活动区

学龄儿童活动区是供 6～8 岁小学生活动的场所。

(3)少年儿童活动区

少年儿童活动区是供小学四、五年级至初中低年级学生活动的场所。

---

① 蔡雄彬，谢宗添：《城市公园景观规划与设计》，机械工业出版社，2013 年，第 69 页。

(4)体育活动区

体育活动区是供少年儿童开展体育活动和体育锻炼的场所。

(5)科普文化娱乐区

科普文化娱乐区是为少年儿童提供开展各类科普教育、娱乐游憩活动的场所。

(6)自然景观区

自然景观区是让少年儿童投身自然、接触自然、感受自然、探索自然的场所。

(7)管理服务区

管理服务区是以园务管理和为儿童及陪伴的成人提供卫生、餐饮、住宿、交通等服务的场所。

(三)主题公园

主题公园是现代人在游乐园的基础上创造的一种新娱乐形式。

1. 主题公园的定义

所谓主题公园，就是“以特定的文化内容为主题，以经济盈利为目的，以现代科技和文化手段为表现，以人为设计创造景观和设施使游客获得旅游体验的封闭性的现代人工景点或景区”[①]。

2. 主题公园的特征

主题公园有着自身鲜明的特征，具体可归纳为以下几个。

(1)主题性特征

主题性特征是主题公园与其他公园相区别的重要依据。具体来说，主题公园从其命名、建造、景观设计到服务设施的安排、活动内容的展开，都是围绕着一个主题进行的。

① 房世宝:《园林规划设计》，北京:化学工业出版社，2007年，第259页。

(2)游乐性特征

主题公园有着多样化的表现形式和丰富多彩的活动形式,尤其是娱乐参与型和艺术表演型的活动,给游人游乐带来了重大便利,因而说主题公园具有游乐性特征。

(3)文化性特征

主题公园的文化性特征是由其主题性特征衍生而来的。主题公园虽然有着多样化的主题,但每一种主题都蕴含着一定的文化内涵,因而主题公园都有着丰富而浓郁的文化特色。主题公园的文化性特征也是其与其他公园相区别的最重要依据。

(4)商业性特征

主题公园是由人创造的一种旅游资源,因而自产生之日起便具有鲜明的经济、功利色彩。从某种程度上来说,主题公园就是一种商品,它的建造就是为了盈利的,而且只有不断盈利,主题公园才能继续经营下去。因此,可以说,主题公园具有商业性特征。

3. 主题公园的功能

主题公园的功能主要体现在三个方面,即经济功能、社会功能和生态功能。

(1)主题公园的经济功能

主题公园的经济功能,具体表现在以下几个方面。

第一,成功的主题公园能够在一定程度上刺激人们的消费行为,从而使人们的消费水平得到提高。

第二,成功的主题公园能够创造一定的就业岗位,从而使周围地区的就业压力得到缓解。

第三,成功的主题公园能够有效地促进交通运输业和餐饮酒店业等相关产业的发展,从而带动周围经济的进一步发展。

第四,成功的主题公园能够使附近的土地增值。

(2)主题公园的社会功能

主题公园的社会功能,具体表现在以下几个方面。

①能够对文化进行传播

前面已经说过，主题公园具有文化性特征，因此当人们置身其中时，既可以感受到文化的魅力，也可以增加自己的文化知识，由于发挥了主题公元传播文化的功能。

②能够促进相互交流

在主题公园内，来自不同地区、不同民族、不同国家的人们都可以感受到“主题”所带来的美好与欢乐，并对人类社会的文明成果形成更加清晰、明确的认识。从一定程度上来说，这可以促使人与人、民族与民族、地区与地区、国家与国家之间的相互交流和相互了解。

③能够提供一定的就业机会

主题公园的运营、管理和维护等都需要有大量的人才和劳动力，这就为人们的就业提供了一定的机会。从某种程度上来说，主题公园就是一个劳动密集型的行业。

④能够为人们的休闲娱乐提供场所

主题公园的环境是围绕着主题虚拟出来的，是非日常化的环境。但是，当人们置身其中时，可以暂时将现实的自己忘却并投入到一个新的环境之中，进而脱离出繁忙而紧张的现实生活，获得休闲和娱乐。

(3)主题公园的生态功能

主题公园内拥有大量的绿化面积，并始终高度重视绿化工作，从而能够在一定程度上对区域内的生态环境进行调节。这就是主题公园的生态功能。

4. 主题公园的类型

主题公园依据不同的标准，可以分成不同的类型，具体如下。

(1)以规模为标准进行分类

主题公园以规模为标准，可以分为微型主题公园、小型主题公园、中型主题公园和大型主题公园四类。

①微型主题公园

在我国，凡是投资小于300万元人民币的主题公园便是微型主题公园。

②小型主题公园

在我国，凡是投资小于1 000万元人民币的主题公园便是小型主题公园。

③中型主题公园

在我国，凡是投资大于2 500万但小于1亿元人民币，且具有较小占地面积的主题公园便是中型主题公园。

④大型主题公园

在我国，凡是投资在1亿元人民币左右，且占地面积大于0.2km^2的主题公园便是大型主题公园。

(2)以主题的组成形式为标准进行分类

主题公园以主题的组成形式为标准，可以分为组合式主题公园和包含式主题公园两类。

①组合式主题公园

组合式主题公园(如迪士尼主题公园)的内在主题思想是一致的，但是不同的区的主题不论是从类型上来看还是从内容上来看都不存在直接的关系，从而使整个主题公园呈现出组合拼贴的风格。具体来说，组合式主题公园的内在主题是通过各区的主题所营造的环境和气氛烘托出来的。

②包含式主题公园

包含式主题公园(如上海影视乐园)内，主题内容是十分明确的，而且各区的主题内容都必须与总的主题内容相符合。

(3)以主题的内容为标准进行分类

主题公园以主题的内容为标准，可以分为历史类主题公园、文学类主题公园、影视类主题公园、科学技术类主题公园、异国类主题公园、自然生态类主题公园、专题花园类主题公园七类。

①历史类主题公园

历史类主题公园的主题有历史人物、历史事件、具有历史时代特征的建筑等。历史类主题公园通过对人类历史发展的追溯，使人们对历史有更加清晰的认识和理解。杭州的宋城便是典型的历史类主题公园。

②文学类主题公园

文学类主题公园的主题是文学作品中的人物、事件、场景等。烟台的西游记宫、无锡的水浒城便是典型的文学类主题公园。

③影视类主题公园

影视类主题公园又具体有两种类型：第一种类型如厦门同安影视城，是为了拍摄电影或电视剧而搭建的场景与环境，可同时进行拍摄和游览；第二种类型如杭州横店影视城，是以电影场景为依据建造的主题公园。

④科学技术类主题公园

科学技术类主题公园的主题主要有两个：一是现代科技的发展；二是未来科技的展望。广州的天河航天奇观便是典型的科学技术类主题公园。

⑤异国类主题公园

异国类主题公园的主题是不同地域、不同民族的文化、风俗和景观等。异国类主题公园通过对异国他乡的风土人情的展示，使不同地域、不同民族的人们能够增进了解，进而相互团结。北京世界公园便是典型的异国类主题公园。

⑥自然生态类主题公园

自然生态类主题公园的主题多种多样，如自然界的生态环境、海洋生物、野生动物等。香港的海洋公园便是典型的自然生态类主题公园。

⑦专题花园类主题公园

专题花园类主题公园的主题是各种类型的花卉。洛阳牡丹园便是典型的专题花园类主题公园。

(4)以表现形式为标准进行分类

主题公园以表现形式为标准，可以分为宫(馆)展览型主题公园、微缩景观型主题公园和古迹延伸型主题公园三类。

①宫(馆)展览型主题公园

宫(馆)展览型主题公园主要表现形式是宫(馆)内的展览,而且所有展览的内容都与主题有着密切的联系。德国汉诺威世界博览会园便是典型的宫(馆)展览型主题公园。

②微缩景观型主题公园

微缩景观型主题公园就是按照一定的比例,将异国或异地的著名建筑和著名景观等进行缩小建造。深圳的锦绣中华便是典型的微缩景观型主题公园。

③古迹延伸型主题公园

古迹延伸型主题公园是"将现存建筑与环境保存较好的历史风貌地区或者将同一历史时期的建筑迁建在一定地区的主题公园,具有野外博物馆的性质"[①]。开封的铁塔公园便是典型的古迹延伸型主题公园。

5. 主题公园的主题选择

主题公园的经营能否成功,与主题的选择有着极其密切的关系。主题是主题公园的灵魂,对于宣传主题公园的形象、吸引游客有着至关重要的作用。因此,在建造主题公园时,一定要选择好主题。而在选择主题公园的主题时,要特别注意以下几个方面。

(1)选择的主题要与所在城市的性质及所处的地位相符合。

(2)选择的主题要与所在城市的历史发展、人文风情相符合。

(3)选择的主题要与人们的游玩心理相符合。

6. 主题公园的位置选择

在选择主题公园的位置时,需要遵循一定的要求,具体来说有以下几个。

(1)要有风景秀美的自然环境,且地理位置和地质条件都适

---

① 蔡雄彬,谢宗添:《城市公园景观规划与设计》,北京:机械工业出版社,2013年,第81页。

合建造主题公园。

(2)要有较为便利的交通，能与城市的主要道路相连，以方便居民使用。

(3)要有较好的经济发展水平和较多的客源。

(4)要有合理的土地价格。

(5)要避免靠近同类主题的主题公园。

(四)体育公园

1. 体育公园的定义

关于体育公园的定义，不同学者有不同的观点。例如郑强、卢圣认为体育公园是以体育运动为主题的公园；胡长龙认为体育公园是为群众开展体育活动提供场地支持的公园；赵建民认为体育公园是群众开展体育锻炼活动的公园；张国强、贾建中认为体育公园是在公园中设置体育场地，以供人们开展体育锻炼、体育竞赛等活动的专类公园。这些专家的观点虽然不同，但实际上都是从不同侧面对体育公园的某些侧面进行了描述，本书综合这些观点，将体育公园定义为“以突出开展体育活动，如游泳、划船、球类、体操等为主的公园，并具有较多体育活动场地”[①]。

2. 体育公园的类型

体育公园的类型很多，根据不同的分类标准可将其分为不同的类型。

(1)根据主题分类

根据主题的不同，可将体育公园分为以沙漠体育运动项目为主题的公园、以水上项目为主题的公园、以森林项目为主题的公园、以海滩项目为主题的公园、以山地休闲项目为主题的公园、以

---

① 蔡雄彬，谢宗添：《城市公园景观规划与设计》，北京：北京：机械工业出版社，2013年，第69页。

综合性体育项目为主题的公园。

(2)根据来源分类

根据来源的不同,可将体育公园分为三类,即为承接大型赛事而修建的体育公园、直接由体育中心改造而成的体育公园以及专门为大众体育活动服务而建设的体育公园。

(3)根据服务范围分类

根据服务范围的不同,可将体育公园分为社区级体育公园、市级综合性体育公园两类。

(五)湿地公园

1. 湿地公园的定义

对于湿地公园的定义,目前仍没有一个统一的说法。我国相关部门和专家学者根据对湿地公园特征的分析与总结,得出了这样的概念,即"湿地公园是指在自然湿地或人工湿地的基础上,通过合理的规划设计、建设及管理的以湿地景观为主体,以开展湿地科研和科普教育、湿地景观生态游憩的公园绿地"①。

2. 湿地公园的任务

湿地公园具有以下几项具体任务。

第一,进行湿地生态环境保护。

第二,通过保护湿地公园的水循环、植物、生物栖息环境等方式,传播、展示湿地生态文化,承担观光游览的重任,教育旅游者爱护环境。

第三,对湿地环境及其物种等进行科学研究。

3. 湿地公园的类型

湿地公园的类型很多,根据不同的分类标准,可将湿地分为

---

① 蔡雄彬,谢宗添:《城市公园景观规划与设计》,北京:机械工业出版社,2013年,第134页。

不同的类型。

(1)根据建设场地的湿地景观属性分类

根据建设场地的湿地景观属性,可将湿地公园分为自然型湿地公园和人工型湿地公园两类。

自然型湿地公园指的是在自然湿地保护允许的范围内,通过合理、适度的规划建设成的湿地公园。

人工型湿地公园指的是在城市或城市附近,通过恢复已经退化的湿地或人工修建的湿地建设成的湿地公园。

(2)根据所批准建设的主管部门及公园功能分类

根据所批准建设的主管部门及公园功能,可将湿地公园分为国家湿地公园和国家城市湿地公园。

国家湿地公园如苏州太湖国家湿地公园、杭州西溪国家湿地公园等,是指经国家主管部门批准建设的湿地公园。

国家城市湿地公园如昆明五甲塘湿地公园、上海崇明西沙湿地公园等,是指以生态保护、科普教育、自然野趣和休闲游览为主要内容,具有湿地生态功能和典型特征的公园。

(3)根据湿地公园的建设目的分类

根据湿地公园的建设目的,可将其分为展示型湿地公园、仿生型湿地公园、自然型湿地公园、恢复型湿地公园、污水净化型湿地公园以及休闲型湿地公园等。

展示型湿地公园指通过模拟天然或自然湿地的外貌特征,展示湿地的相关功能,以达到科普教育目的的公园。

仿生型湿地公园指模仿天然或自然湿地的外貌形态建设而成的公园。

自然型湿地公园指以没有过度的开发利用,而以自然、原始、野生状态的湿地风貌为主的公园。

恢复型湿地公园指在已经消失的湿地或正在逐步退化的湿地基础上,通过人工恢复措施建立起来的公园。

污水净化型湿地公园是指以净化污水、改善水质为目的,能够帮助城市水资源实现循环利用的湿地公园。

休闲型湿地公园是指以休闲娱乐为主要目的的湿地公园。

(4)根据湿地公园的位置分类

根据湿地公园的位置,可将其分为城中型湿地公园、近郊型湿地公园和远郊型湿地公园。

城中型湿地公园是指建立在城市中的湿地公园。

近郊型湿地公园是指建立在城市近郊的湿地公园。

远郊型湿地公园是指建立在城市远郊的湿地公园。

4. 湿地公园的特征

湿地公园主要有以下几方面的特征。

(1)湿地公园强调湿地系统的生态特性。

(2)湿地公园除了具有一般公园的常规特征及功能外,还以科普湿地知识、提供湿地观光游览等为特色。

(3)湿地公园除了是供人开展社会活动的场所之外,还是生物多样性保护与培育的重要空间和场所。

5. 湿地公园的功能分区

湿地公园在功能上通常可分为以下几个区域。

(1)湿地重点保护区

湿地重点保护区指的是重点确保原有生态系统的完整性,贯彻“保护为主”的理念的区域。这类区域常常作为湿地植物及生物栖息的保护区域,可允许进行相关科学研究、保护和视察等,但不允许过多人为打扰。

(2)生态湿地展示区

生态湿地展示区指的是重点展示湿地生态系统、生物多样性的区域。这类区域大多位于湿地重点保护区的外围,作为湿地重点保护区的屏障,可开展一些科普教育活动,并会配备必要的功能性建筑和设施。

(3)观光游览区

观光游览区指的是以休闲、游览活动为主的区域。这类区域常常选择在湿地敏感度相对较低的区域，一般会布置一些自然、纯朴的，符合湿地环境的游览道路形式。

(4)管理服务区

管理服务区指的是以为游客提供服务为主要职能的区域。这类区域一般选择在湿地生态系统敏感度相对较低、对湿地整体环境干扰比较小的位置，区域内大都布置了一些人工建筑及构筑物，同时存在短时间内人流量较大的情况。

三、森林公园

现代社会经济和工业的发展加速了城市人口的密集化，使得城市的生活环境日益恶化，人们接触自然环境的机会越来越少，但愿望却日益迫切。森林公园正是这一社会性需求的理想境遇，人们可以在森林公园中感受到与自然亲近的乐趣，因此，富有特色的森林公园也逐渐受到人们的普遍欢迎。

(一)森林公园的定义

森林公园是指“以森林景观为主体，融自然、人文景观于一体，具有良好的生态环境及地形、地貌特征，具有较大的面积与规模，较高的观赏、文化、科学价值，经科学的保护和适度建设，可为人们提供一系列森林游憩活动及科学文化活动的特定场所”[①]。

(二)森林公园的类型

森林公园的类型众多，根据不同的分类标准可将其分为不同的类型。

1. 根据景观特色分类

根据景观特色可将森林公园分为森林风景型森林公园、山水

① 唐学山等:《园林设计》，北京：中国林业出版社，1996年，第322页。

风景型森林公园、人文景物型森林公园、综合景观型森林公园等。

2. 根据地貌形态分类

根据地貌形态可将森林公园分为山岳型森林公园、江湖型森林公园、海岸一岛屿型森林公园、沙漠型森林公园、火山型森林公园、冰川型森林公园、洞穴型森林公园、草原型森林公园、瀑布型森林公园、温泉型森林公园等。

3. 根据主要旅游功能分类

根据主要旅游功能可将森林公园分为游览观光型森林公园、休闲度假型森林公园、游憩娱乐型森林公园、探险狩猎型森林公园、科普教育型森林公园等。

4. 根据旅游半径分类

根据旅游半径可将森林公园分为城市型森林公园、近郊型森林公园、郊野型森林公园、山野型森林公园等。

5. 根据经营规模分类

根据经营规模可将森林公园分为特大型森林公园、大型森林公园、中型森林公园、小型森林公园、微型森林公园等。

(三)森林公园的特点

与城市公园和风景名胜区相比较，森林公园具有以下几个特点。

(1)森林公园一般属林业部门管辖，其位置一般在城市郊区。

(2)森林公园面积较大，一般有数百公顷。

(3)森林公园的景观主要以森林景观和自然景观为主。

(4)森林公园中可以实施的旅游活动如野营、野炊、野餐、森林浴、垂钓、徒步野游等在其他公园中较难实现。

(四)森林公园的功能分区

在功能上,森林公园通常可以划分为以下几个区域。

1. 游览区

游览区是森林公园的核心区域,是游客参观、游览森林公园的主要活动区域,这里聚集着森林公园主要的景区和景点。

2. 娱乐区

娱乐区是森林公园的辅助区域,是游客在参观、游览森林公园的过程中开展各项娱乐活动的区域,其作用是添补景观不足,吸引游客。

3. 狩猎区

狩猎区是森林公园中狩猎场所在的区域,其作用是满足游客的狩猎娱乐需求。

4. 野营区

野营区是森林公园中开展野营、露宿、野炊等活动的区域。

5. 旅游产品生产区

旅游产品生产区一般只存在于较大型的森林公园之中,它是服务于发展森林旅游需求的各种种植业、养殖业、加工业等的区域。

6. 生态保护区

生态保护区是森林公园中以保持水土、涵养水源、维持森林生态系统为主要目的的区域。

7. 接待服务区

接待服务区是森林公园中集中布置宾馆、饭店、购物、医疗等接待服务项目及其配套设施的区域。

8. 行政管理区

行政管理区是森林公园中主要用于行政管理的区域。

第二节 不同类型公园景观的设计

在本节内容中，将具体分析一下综合公园、专类公园和森林公园景观的设计。

一、综合公园景观的设计

（一）综合公园集散广场的设计

在对综合公园集散广场进行设计时，要注意依据游人量的大小以及景观艺术构图的需要来确定大小。在集散广场中，还可以设计一些纯装饰性的景观，如水池、花坛、喷泉、雕塑、园区介绍和导游图、标志牌等。

（二）综合公园园路的设计

综合公园的园路具有非常重要的作用，既可以对园内外以及不同的功能分区、活动设施等进行连接，也可以对园内交通进行组织以引导游客的游览，还可以成为公园的一个重要景观。因此，在进行综合公园景观的设计时，不能忽视对园路的设计。

1. 园路的宽度设计

在进行综合公园园路的宽度设计时，需要遵循一定的指标，具体见表8-2。

表8-2　公园园路宽度/m指标①

园路级别	陆地面积/hm²			
	＜2	2～＜10	10～＜50	＞50
主干道	2.0～3.5	2.5～4.5	3.5～5.0	5.0～7.0
次干道	1.2～2.0	2.0～3.5	2.0～3.5	3.5～5.0
小道	0.9～1.2	0.9～2.0	1.2～2.0	1.2～3.0

2. 园路的线形设计

在进行综合公园园路的线形设计时，要特别注意以下几方面的内容。

(1)主干道的横坡通常要小于3%，纵坡则要小于8%；次干道和小道的纵坡通常要小于18%，而且超过15%的纵坡需要进行一定的防滑处理。

(2)允许机动车通行的园路，宽度应该大于4m，同时转弯半径应大于或等于12m。

(3)步行道路要进行一定的无障碍设计，以方便行人游览。

(4)道路相连的地方，尽量要使角度平缓。

(5)与山顶、孤岛等相通的道路，应尽可能设置成通行复线，若是不设置成通行复线，则要将单行道路在一定程度上进行加宽。

(6)园路在进行铺装时，要与公园的整体风格、所处的功能分区等相符合。

① 蔡雄彬，谢宗添：《城市公园景观规划与设计》，北京：机械工业出版社，2013年，第44页。

3. 园路的布局设计

在进行综合公园园路的布局设计时，要充分考虑到公园的地形、活动内容以及游人的规模等，以做到因地制宜。

4. 园路的弯道设计

在进行综合公园园路的弯道设计时，要特别注意以下几个方面。

(1)要与游人的行为规律相符合。

(2)要外侧比内侧高。

(3)要注意设置转弯镜。

(4)在特殊的情况下，要在弯道的外侧进行护栏的设置。

5. 园路的交叉口设计

在进行综合公园园路的交叉口设计时，要特别注意以下几个方面。

(1)主干道相交的交叉口，要设计成较大的正交方式。

(2)小路相交的交叉口，要注意不可设计过多，且相邻的交叉口应保持一定的距离，不可太近。另外，小路相交的交叉口不可设计太小的交叉角度。

(3)丁字交叉口通常要进行一定的放大设计，如可以形成中心岛或是小广场等。

(4)主干道与山路的交叉口，要设计得十分自然，且藏而不显。

(三)综合公园建筑小品的设计

在综合公园内，设计合理的建筑小品能够美化园内环境，也能够丰富园趣，还能够使游人获得一定的教益和美的感受。而且，综合公园的建筑小品也是综合公园景观的一个重要组成部分。因此，在进行综合公园景观的设计时，不能忽视对建筑小品的设计。

1. 综合公园服务小品的设计

综合公园的服务小品包括座椅、垃圾桶、电话亭、廊架、洗手池等,下面具体分析一下座椅和垃圾桶的设计。

(1)座椅的设计

在综合公园内,座椅是最常见的一种服务小品。在对座椅进行设计时,要注意遵守以下几方面的要求。

第一,设计的座椅要与游客的活动习惯相符合,要满足游客方便性及私密性的要求。

第二,要依据综合公园的大小以及人流量来确定座椅的数量和位置。

第三,设计的座椅在尺度上要与人体工程学相符合。

第四,设计的座椅要巧妙地融入环境之中。

(2)垃圾桶的设计

在综合公园内,垃圾桶也是一种常见的服务小品。在对垃圾桶进行设计时,要注意遵守以下几方面的要求。

第一,设计的垃圾桶应有独特性。

第二,设计的垃圾桶应与环境巧妙融合。

2. 综合公园装饰小品的设计

综合公园的装饰小品包括景墙、雕塑、铺装、栏杆等,下面具体分析一下景墙的设计。

景墙主要是用来造景、对主景进行衬托、丰富园内环境的,因此在对其进行设计时要注意运用丰富且有变化性的线条,同时要注意对景墙的材质进行凸显。

3. 综合公园展示小品的设计

综合公园的展示小品主要是与旅游有关的指示牌、导游信息标志、路标等,在对其进行设计时要注意与其他的建筑小品保持整体性和和谐性，但又要有自身的特色；要设计得尺度适宜、容易被发现、方便被阅读。

4. 综合公园照明小品的设计

综合公园的照明小品有着众多的种类，如草坪灯、行路灯、装饰灯等。其中，在进行草坪灯的设计时，要注意达到白天对园区进行点缀、晚上进行照明的要求，同时草坪灯之间要保持一定的间距；在进行行路灯的设计时，要注意灯杆高度保持在 2.5～4m 之间，灯距则以 10～20m 为宜。

（四）综合公园绿化种植的设计

在综合公园内，植物是造景的主体，因而在进行综合公园的景观设计时不能忽略对绿化种植的设计。具体来说，在进行综合公园绿化种植的设计时要特别遵循以下几方面的要求。

（1）要与公园的整体布局相协调。

（2）要根据不同植物的形态和功能进行合理的搭配，同时搭配好的植物要与园中的山、水、石、建筑、道路等相符合。

（3）要多选择具有观赏价值且抗逆性强、病虫害小的绿化树种。

（4）要依据公园的自然地理条件以及城市的特点、城市居民的爱好进行合理的绿化种植布局。

（5）在进行近景绿化时，要注意选用强烈的对比色，以达到醒目的目的；而在进行远景绿化时，则要注意选用简洁的色彩，以达到概括园区景色的目的。

二、专类公园景观的设计

（一）动物园景观的设计

1. 动物园笼舍建筑的设计

动物园笼舍建筑的设计，需要遵循以下几个具体要求。

(1)必须与动物的体型、性格、生活习性等相符合。

(2)必须方便游人进行参观游览。

(3)必须方便对动物进行饲养和管理。

(4)必须保证动物和游人的安全,也要避免动物外逃。

(5)必须要因地制宜,紧密结合地形尽可能还原动物原产地的环境气氛。

(6)必须与周围的环境在色调上保持和谐。

(7)必须要保证风格统一。

2. 动物园道路的设计

在进行动物园道路的设计时,需要遵循以下几个具体要求。

(1)主路的导向性要明显,能引导游人方便地进行参观游览。

(2)道路的布局要合理,以达到调整人流的作用。

(3)道路最好采用自然式的布置方式,而且道路与道路之间要形成方便、快捷的联系。

(4)道路的交叉口处,可根据实际情况设置一些休息广场。

3. 动物园绿化种植的设计

绿化种植在整个动物园的规划设计中具有极其重要的作用,既能够为动物的生存创设良好的环境,为动物营造与自然相接近的景观,也能够为游人创设良好的游览和休息环境。因此,在进行动物园景观的设计时,要特别重视对绿化种植的设计。而在进行动物园绿化种植的设计时,需要遵循以下几方面的要求。

(1)动物园绿化种植要与动物的生活环境、生存习性相适应,这样既能使种植的植物成为动物的饲料,又能让游人进行观赏,可谓经济实惠。

(2)动物园绿化种植要与动物的陈列要求相符合,以形成各具特色的动物展区。

(3)动物园道路的绿化要达到遮阴的效果,故而可设计成林荫路的形式。

(4)动物园建筑广场道路附近要进行重点的绿化种植。

(5)动物园绿化种植要选择叶、花、果都无毒,树干、树枝都没有尖刺的树种,以保护动物免受伤害。

此外,在进行动物园景观设计时,也要注意布置一些建筑小品来增加风趣,如动物雕塑、动物形式的儿童游戏器械等。

(二)儿童公园景观的设计

儿童公园的景观设计与其他类型的公园的景观设计雷同,只有一些较为特殊的存在差异,这里就绿化种植设计与活动设施和器械设计两方面进行说明。

1. 儿童公园绿化种植的设计

植物能够为儿童公园增添一抹生命的亮色,也能够凭借其姿态、色彩等创造出独特的景观,因此常常被运用于儿童公园的景观设计之中。而在设计植物景观的过程中,设计师除了要考虑植物的搭配、色彩之外,还应考虑儿童好动、活泼、好奇心强等特点,种植一些不会对儿童身体产生危害的植物。总的来说,会对儿童身体产生危害的植物主要包括以下几类。

第一类是有刺激性气味或能够引起过敏反应的植物,如漆树等。

第二类是有毒植物,如夹竹桃等。

第三类是有刺植物,如刺槐、蔷薇等。

第四类是容易给人的呼吸道带来不良作用的植物,如杨树等。

第五类是易生虫害及结浆果的植物,如桑树等。

在选择了合适的植物之后,设计师还需要对儿童公园的密林和草地这些能够为儿童提供良好遮荫以及集体活动的场所进行设计,以模拟出森林景观,为儿童的游戏、娱乐、科普、游玩等创造条件。

此外,花坛、花地与生物角也是需要设计师考虑的内容,设计师在设计这些地方的植物景观时，除了要考虑安全性之外，还应考虑植物的种植条件、植物的季相变化、植物的色彩形态等，争取在儿童公园做到四季鲜花不断、绿草如茵。一些有条件的儿童公园还可以专门开辟出一个植物角，种植一些可以观赏的植物，如龙爪柳、垂枝榆等，让儿童在观赏中学习植物学的相关知识，培养他们热爱大自然的良好习惯。

2. 儿童公园活动设施和器械的设计

随着社会的发展、时代的进步，儿童公园内的活动设施和器械也在不断发展变化，从原始的沙场、涉水池、秋千、跷跷板等逐步转变为飞行塔、小铁路、旋转木马、宇宙旅行、急流乘骑、旋转车、快速滑行车等。这些设施一方面为儿童提供了娱乐休闲的服务，另一方面也有助于儿童开发自己的身体、心理、学习等方面的素质。在儿童公园中，儿童活动设施和器械必不可少，要想使其与儿童公园的整体景观协调地融合在一起，就需要根据儿童公园的整体风格，设计这些设施与器械的种类、摆放、规格等。

(1)活动设施和器械的种类选择

儿童公园的活动设施和器械的种类选择应以其所处的功能分区为依据。例如，幼年儿童活动区可选择沙池、小屋、小山、小水池、花架、植物、荫棚、桌椅等活动设施和器械，且这些设施和器械的选择应考虑幼年儿童的安全性问题。学龄儿童活动区可选择秋千、螺旋滑梯、攀登架、飞船等活动设施和器械。少年儿童活动区可选择迷宫、障碍与冒险等活动设施和器械。体育活动区可选择球类、射击、游泳、赛车等活动设施和器械。科普文化娱乐区应选择投影仪、展示台、舞台灯等活动设施和器械。

(2)活动设施和器械的摆放设计

儿童公园的活动设施和器械的摆放应根据使用儿童的身高等生理特点来决定。

(3)活动设施和器械的规格设计

不同的活动设施和器械在设计时要取不同的规格要求，这里主要分析几种常见的活动设施与器械的规格。

第一类:沙坑的规格。儿童公园的沙坑深度一般为30cm左右,沙坑的面积应以儿童的数量来确定,一般每个儿童的活动面积应为$1m^2$左右。

第二类:水池的规格。儿童公园的水池一般应设计成曲线流线形,水深在15～30cm左右。

第三类:秋千的规格。儿童公园的秋千一般应由木制或金属架上系两绳索做成,架高在2.5～3m左右,木板宽约50cm,板高距地面25～35cm。

第四类:滑梯的规格。儿童公园中,供3～4岁的幼儿使用的滑梯高一般为1.5m左右;供10岁左右的儿童使用的滑梯高一般在3m左右。

第五类:攀登架的规格。儿童公园中的攀高架一般由4～5段组成框架,每段高约50～60cm,总高约2.5m左右。

第六类:跷跷板的规格。儿童公园中的跷跷板的水平高度约60cm,起高约90cm,落高约20cm。

(三)主题公园景观的设计

1. 主题公园水景的设计

主题公园内的水景包括湖泊、瀑布、喷泉、溪流等,在对其进行设计时要特别注意以下几个方面。

(1)要保证设计的水景的风格与主题公园的主题保持统一。

(2)要保证设计的水景与其功能相符合。

(3)要保证设计的水景能与人们进行互动,从而使人们在欣赏水景时感受到快乐。

(4)要保证设计的水景有便捷的水上交通。

2. 主题公园道路的设计

在主题公园内,道路可以说是骨架和网络。在对其进行设计时,要特别注意以下几个方面。

(1)设计的道路要对主题公园的主题面貌有良好的反映。

(2)设计的道路要与主题公园的风格相协调。

(3)设计的道路要有良好的交通性,且疏密得当。

(4)设计的道路要符合地形的特点。

3. 主题公园建筑小品的设计

在主题公园内,建筑小品的存在能够使其主题得到更好的展示。因此,在进行主题公园景观的设计时,不能忽视对建筑小品的设计。而在对主题公园的建筑小品进行设计时,要特别注意以下几个方面。

(1)设计的建筑小品要能够突出主题公园的主题和特色。

(2)设计的建筑小品要对环境起到美化作用,并与环境巧妙地融合在一起。

(3)设计的建筑小品要在造型和色彩上有独特性和感染力。

4. 主题公园绿化种植的设计

主题公园绿化种植的设计,要特别注意以下几个方面。

(1)主题公园的绿化种植要与主题公园的主题和功能相符合,并能够对主题气氛进行烘托。

(2)主题公园的绿化种植要与主题公园的总体绿地布局形式相协调。

(3)主题公园的绿化种植要有一定的季节性,以满足不同季节的游览要求。

(4)主题公园的绿化种植要有一定的艺术性,并要营造出多样统一性的植物景观艺术效果。

(四)体育公园景观的设计

体育公园景观的许多设计都与其他一些公园的设计要求与规范相同,因此,这里主要介绍体育公园中较为特殊的绿化种植设计和体育场地设施设计。

1. 体育公园绿化种植的设计

体育公园的绿化应为创造良好的体育锻炼环境服务,根据不同的功能分区,进行不同的绿化景观设计。具体来看,公园出入口的绿化景观设计应做到简洁明了,设计师可结合公园的场地情况,布置一些花坛和草坪。在体育建筑的周围应种植一些乔木和灌木,以便与建筑形成呼应,但应注意在建筑的出入口留有足够的空间,方便游人出入。在体育场周围可适当种植一些大型乔木,场内可种植耐践踏的草坪。

2. 体育公园场地设施的设计

在体育公园的景观设计中,场地设施是非常重要的组成部分,是用以区别其他类型公园的最主要元素。在设计的过程中,设计师可根据公园的具体功能情况,选择合适的体育设施,并将其集中布置或根据总体布局情况分散布置。

(五)湿地公园景观的设计

1. 湿地公园水系景观的设计

水系景观是湿地公园景观的重要内容之一,在对它进行设计时,需要注意以下几方面。

(1)改善地表水与地下水的联系,确保地表水与地下水能够相互补充。

(2)做好排水与引水的设计与调整,保证对湿地水资源的合理利用。

(3)将湿地水岸系统纳入水系景观设计中,保持岸边景观与生态的多样性。

2. 湿地公园道路的设计

湿地公园的道路在设计时除了应满足普通公园道路景观设

计的基本要求之外，还需要结合湿地公园自身的独特性，以保护、改造、利用湿地的生态系统为原则，从主干道、次干道、游步道、简易步道的设计入手。

具体来说，湿地公园的主干道和次干道应在满足步行或者通行功能的基础上，设计与选择不会对湿地生态系统造成环境污染的交通工具。湿地公园的游步道和简易步道主要是为了供游客游览通行使用，设计时应在保留原有场地的土路、小径的基础上，将浮桥、木栈道等纳入其中。

3. 湿地公园绿化种植的设计

湿地公园因为其自身独特的环境，比较适合种植能够在土壤潮湿或者有浅层积水环境中生长的植物，这些植物可分为水生植物、沼生植物和湿生植物三类。它们能够为多种生物包括飞禽、鱼类、微生物等提供生活栖息地，能有效地改善湿地的水质，也能以其优美的形态、色彩及组合形式为湿地公园创造出靓丽的景观，还能通过根系的扭结作用、根茎叶的拦截作用，减少地面径流，防止水的侵蚀和冲刷，起到加固驳岸的作用。

对湿地公园的植物景观进行设计，首先应以保护、改造、利用为基础，对原有的植物景观进行合理保护，并适当补充当地的植物种类；对已经受到不同程度破坏的植物区域，应积极补种各类乔木、灌木、水生、湿生植物；对湿地植物的栽种搭配和品种间的搭配应用，应积极考虑其对自然、生态的可利用性，以便构建一个健康、稳定的植物群落。其次必须注重美学因素，考虑植物群落的季节性变化，做到四季有景可观；注意常绿植物和落叶植物的色彩、形态等的搭配，如对于湿地沿岸带可选用姿态优美的耐水湿植物如柳树、木芙蓉等，配以低矮灌木、高大乔木、地被植物，形成乔灌草的搭配形式，塑造出色彩丰富、高低错落的植物景观。

4. 湿地公园建筑及小品的设计

湿地公园毕竟还属于公园的范畴，因而也需要布置一些功能性和服务性的建筑及设施小品。对这些建筑和设施小品的设计应根据公园的整体性质采用简洁质朴的形式，避开采用规则、僵硬、冰冷的钢筋及混凝土等，而以竹质、木质的自然朴素的材质为主，并应结合它们自身的功能和性质选择合理的布置位置和布置形式。

三、森林公园景观的设计

（一）森林公园林缘和林道的设计

森林公园中的林缘和林道是游人视线最为直接的观赏部分，它的设计会对森林景观产生直接影响。例如，全部用多层垂直郁闭景观布满的林缘会封闭游人的视线，使人产生封闭、单调、闭塞的心理。因此，在森林林缘设计中，设计师应注意不能使多层垂直郁闭景观过高，而只应占据林缘的2/3～3/4左右。此外，设计师还应注意道路两侧林缘的变化，通过不完全封闭林缘在垂直方向上的视线的做法，让游人的视线可以穿过林缘欣赏到林下的深邃幽远之美；使其既可以感受闭锁的近景，又能透视半开放的远景。

对森林公园林道的设计，应注意在林道两侧布置灌木、乔木、草本层组合而成的林木群落，以便在为游人提供良好的庇荫条件，使其感受到浓郁的森林气氛的同时，使其视线能够透过灌木、乔木、草本植物之间的间隙观赏到远处的景物。

（二）森林公园林中空地的设计

在森林公园中，游人置身于开朗风景与闭锁风景的相互交替中，能通过空间的开合收放，林中的道路、林缘线、林冠线的曲折变化，而感受到森林的构图节奏与韵律。在此过程中，林中空地作为缓解游人长时间在林中游览产生的视觉封闭感的区域，不仅能够为游人提供休息活动的场所，也能展现出优美的景观，因此，开辟林中空地时不仅需要注意增加森林空间的变化，也要注意对林中空地进行景观塑造。具体来看，塑造林中空地的景观需要注意以下几方面。

(1)林中空地的尺度应结合公园的土壤特性、坡度、草本地被的种类及覆盖能力而定。但从景观设计的角度来看，“闭锁空间的仰角从 6°起风景价值逐步提高，到 13°时为最佳，超过 13°则风景价值逐步下降，15°以后则过于闭塞。因此，设计林中空地时，林木高度与空地直径比在 1∶3～1∶10 之间较为理想”①。

(2)林中空地的边缘应设计得自然合理，避免过于僵硬的几何式或直线式曲线的出现。

(3)林中空地边缘的林木应注意做好与周围林木的过渡，使其能够自然地向密林过渡。

(三)森林公园林木郁闭度的设计

森林公园中的林木的郁闭度会直接影响游人的活动，一般情况下，过大的郁闭度会使森林显得黑暗阴湿，不利于游人活动；而过小的郁闭度又会使森林显得过于空旷，森林气氛不足。因此，在对森林景观进行设计时，必须考虑森林林木的郁闭度的问题。

林木郁闭度的不同会产生不同的景观，如郁闭度为 1～0.6 的森林会产生郁闭景观；郁闭度为 0.5～0.3 的森林会产生半开朗景观；郁闭度为小于 0.2 的森林会产生开朗景观。针对森林公园的游憩观赏特点，林木景观应以封闭景观为主（占全园的 45%～80%），辅以半开朗景观（占全园的 15%～30%）和开朗景观（占全园的 5%～25%），林木郁闭度应维持在 0.7 左右，这样才能较为适合游客开展森林活动。

(四)森林公园林分及其季相的设计

大部分森林公园是以原有林地为基础发展起来的，这些原有

---

① 唐学山等:《园林设计》，北京:中国林业出版社，1996 年，第 332 页。

的林地不一定适合景观欣赏和游憩的需求，甚至还可能存在一些人工林和一些景观较差的林地，因此，就需要对原有林分进行调整。例如，景德镇枫树山国家森林公园的原有林分为杉木、马尾松林，这些林分不适合游览需求，因此该森林公园后来在原有林分中增补了针叶树、阔叶树及其他观赏树种，使其林分状况逐步适合游憩的要求。

另外，林木随着季节变化会产生不同的森林季相，且森林公园所占面积较大，所种林木较多，因此需要设计师全面考虑森林的季相构图，使其在突出某一季节特色的同时，形成鲜明的景观效果。

（五）森林公园道路交通的设计

总体来看，在道路交通的设计上，森林公园除了要与主要客源地建立便捷的外部交通联系之外，还需要从内部考虑森林旅游、护林防火、环境保护以及公园职工的生产、生活需求。具体来看，森林公园的道路交通设计应主要包括以下几方面。

(1)道路线型应顺应自然，尽量不要破坏地表植被或自然景观。

(2)道路应避开有滑坡、塌方、泥石流等危险的地质不良地段。

(3)应先对森林公园的景观进行分析，判定园内较好的景点、景区的最佳观赏角度、方式，然后以此确定游览路线。

(4)公园内部道路可采用多种形式构成网状结构，并与公园外部的道路合理衔接。

(5)道路两侧应尽量有景可观。

(6)园内的道路应展现出引导游客游览的作用，这就需要设计师考虑游客的游兴规律，合理布置游览路线。

(7)面积较大的森林公园应设置主干道、次干道、游步道等。其中，主干道的宽度应保持在5～7m之内，纵坡不得大于9%，平曲线最小半径不得小于30m。次干道的宽度应保持在3～5m之内，纵坡不得大于 13%，平曲线最小半径不得小于 15m。游步道应根据具体情况因地制宜地设置。

(8)公园内应避免有地方交通路线通过。必须有地方交通路线通过时，应在路线两侧设置 30～50m 宽的防护林带。

(9)道路应根据不同功能要求和当地筑路材料合理确定路面材料和风格，做到与公园整体风格协调统一。

(10)公园中应尽量避免选用对环境破坏较大的交通工具，而要选择方便、快捷、舒适、有特色的交通工具。

第九章　滨水环境景观设计

滨水环境景观是构成城市公共开放空间的重要部分，具有城市中最宝贵的自然风景和人工景观，对城市景观环境具有重要的影响。在现代景观设计中，滨水环境景观设计是主要内容之一，本章就滨水环境景观设计的相关内容和实例展开分析。

第一节　滨水环境景观设计概述

滨水环境指的是原始的水域环境以及陆域与水域相连的一定区域，一般包括同海、湖、江、河等水域濒临的陆地边缘地带环境。滨水环境景观也就由水域、过渡域和周边陆域三部分的景观构成。水域的景观主要决定于水域的平面尺度、水深、流速、水质、水生态系统、地域气候、风力、水面的人类活动等要素；过渡域的景观基本是指岸边水位变动范围内的景观；水域周边的陆域景观则主要决定于地理景观。滨水环境景观的构成不单单包括水域本身的景物景观，还包括人的活动及其感受等主观性因素。从这个角度来看，可以说滨水环境景观是由自然水体景观、人工水景景观、滨水植物景观构成的。以下就自然水景景观、人工水景景观、滨水植物景观的设计进行简要分析。

一、自然水景景观的设计

自然水景天然形成，它以自然水资源为主体，与地表的各种要素如土地、山体、岩石、草原等在千百年甚至若干亿年的时间里逐渐融合在一起，并且在顺应不同自然地势中形成了千姿百态、丰富多彩的水体景观。例如，敦煌著名的月牙泉，是依托沙漠而形成的（图 9-1）。自然水景景观以观赏为主，人类活动的介入必须以保护环境、维护生态平衡为前提，将水与生态环境当作有联系的整体进行审美观赏。

图 9-1

在对自然界的水体进行规划营造时，应以"依势而建，依势而观"为原则，即以保留水体原有的主体形态为主，抓住其主要景观特征，在有必要的地方增设部分人工景观及功能设施，如根据游览线路进行局部改造与调整，设桥、岛、栈道、平台等。

二、人工水景景观的设计

人工水景景观与自然水景景观并没有本质的区别，只不过前者是人为构筑的，通过人造的方式把自然界中的水引入人工景观环境，因此形成各种不同的水体形态，并且可以结合喷洒、灯光、音乐等人造手段来使水景产生更多的变化。人工水景景观根据场地的功能需要以及设计构思，极力模仿、提炼、概括、升华自然水景，以此提升景观的意境感受，获得丰富的表现力。各种形式的人工水景景观在现代景观设计中运用非常广泛，设计师设计的滨水环境景观主要是人工水景景观。

(一)人工水景景观设计的影响因素

人工水景景观设计要考虑三个主要因素:水体的位置、水体的形态、水体的尺度,并对其进行有针对性的设计。

1. 水体的位置

水体的位置选择要结合水源位置,符合整体景观的设计意图和观赏的视线和角度要求。设计时如果想要获得梦幻的倒影,那么就应该将水面设置在平坦开阔之处,并设置一定的观赏距离,在位置上应该考虑可能将其他建筑物映入水中的因素。如果想取得曲径通幽的效果,那么理水造景可设置在僻静、隔离之处,使之形成一处较为独立的空间。

选择水体位置的基地条件对水体景观的形成具有重要影响。例如,地处低洼积水处,应该考虑在该地安排较为宽阔的水景;有自然落差,应该考虑在该地设置瀑布水景;针对自然缓坡地段,则应该尽量考虑设置流水景观。

2. 水体的形态

水体的形态大致可分为规整式水景和自由式水景两种。

(1)规整式水景

规整式水景的水体通常采用的是规整对称的几何形。为了与规整式水景协调和强化风格,在设置通道、植被、小品的时候,也经常采用较为规整的形式,水池边缘样式统一、棱角分明。大规模的建筑群、大型公共建筑物的配景设计(图 9-2)就经常采用规整式水景。此外,欧洲古典园林设计和纪念园林等也常用规整式水体景观(图 9-3)。在住区设计中如果采用规整式水景,由于住区面积较小,规整式水景的尺度也缩小,并为了形成与人亲近的景观,还会设置一些座椅、雕塑等。

图 9-2

图 9-3

(2)自由式水景

自由式水景的形式不讲究几何图形式的对称，而是不拘一格，其水体的岸线是自由随意、随景而至的(图 9-4)，如流线型水池、蜿蜒流动的溪流、垂直而泻的瀑布，而且经常设置一些岩石、曲折的小径、浓密的植被。自由式水景的形态设计技巧是水体忌直求曲、忌宽求窄，窄处收束视野，宽处顿感开阔，节奏富于变化。

图 9-4

规整式水景和自由式水景还可以融合在一起，形成一种折中的风格，如图 9-5 所示。

图 9-5

3. 水体的尺度

水体的尺度，大的有千里，如洞庭湖（图 9-6）；小的则只有一方。或大或小，各有其韵味，但水体尺度的设置要因地制宜、因需而定、因景而成，切不可盲目求大。例如，苏州园林本身的面积不大，因此设置水体景观的面积也受限制，但是园内掘土成池，四周又布置石块、亭子，水体、山石、建筑物的尺度构成合理，由此获得了微小但精致的水体景观（图 9-7）。大型水面空无一物会显得单调乏味，因此可以将其划分为几处水面，或者设置水口，或者在窄的地方架设桥梁，或者放置船只，增加层次感及进深感，形成丰富的空间效果。

图 9-6

图 9-7

(二)人工水景景观设计的形式

按照设计意图,人工水景可用于灵活划分空间,有序组织空间,在不同的位置还有体现分隔、联系、防御的功能。人工水景景观的设计形式主要有静水、流水、跌水、落水、喷泉等。在这些设计形式中,从空间特征来讲,静水、流水只能形成二维的平面景观空间,跌水、落水、喷泉等则形成具有垂直界面的三维空间,由此形成景观视线的障景。

1. 静水

静水是指不流动的水体景观,可大可小,大可数顷,小则一席见方,设置既可集中也可分散,聚则辽阔,散则迂回(图 9-8)。静水面开凿、挖掘的位置,或者是地势低洼处,或者是重要位置。大型静水面为了增加层次与景深,多要进行划分的设计,如设置堤、岛、桥、洲等。小型静水面则可采用规则式水池的形式。由于水面可以产生投影,静水空间也就因此获得了开朗开阔之感。同时,水中产生的倒影也成为静水面的一道独特的景观(图 9-9)。根据面积的大小,静水又有湖泊、水池、盆景水之分。

图 9-8

图 9-9

2. 流水

流水的形态、声音变化不定，或者汹涌澎湃，或者宁静安详；或者欢呼雀跃，或者静寂无声。这主要是由水量、流速来决定的。因此，在设计流水时，要对水在流动中的形态变化和声响变化进行充分的利用，以此营造流水的特有景观效果，表现空间的气氛和性格（图 9-10）。例如，自由式园景中的溪涧设计，应与自由随意的空间氛围相适应，因此，水面设置应狭而曲长，转弯处设置山石，

图 9-10

让流水溅出水花。与之不同，规整式园景中的流水，应衬托秩序、稳重的空间氛围，因此要整齐布置，水岸平整，水流舒缓（图 9-11）。此外，还可以利用流水的走向组织流线，引导人流，起到空间指示与贯通的作用。营造流水时，需要布置水源、水道、水口和水尾。园内的水源可连接瀑布、喷泉或山石缝隙中的泉洼，留出水口；园外的水源，可以引至高处，或是用石、植被等掩映，再从水口流出，或者汇聚一体再自然流出。

图 9-11

3. 跌水、落水

将水体分成几个不同的标高，自高处向低处跌落的水景形式，就是跌水（图 9-12）。而水体在重力作用下，自高向低悬空落下的水景形式，则叫落水，或称瀑布（图 9-13）。跌水、落水都是动态的垂直水景，它们的水位有高差变化，给人诸多的视觉趣味感受，并因此常常成为一个组景的视觉焦点。跌水由于有不同的标高，宽度和台边处理也不同，因此，跌水的速度、方向也就不同，可谓形态万千。较大瀑布落下澎湃的冲击水声，水流溅起的水花，能带给人极大的视听享受。在流水的汇集处、水池的排水处、水体的入口处等都可以设置瀑布。瀑布下落处一般都要设置积水潭，起到汇集水量的作用，并且保证水花不会溅出。实际上，瀑布不但具有观赏价值，还有一定的实用价值。例如，倾泻而下的水流可以为池中补充氧气，有利于水生动植物的生长；瀑布搅起的浮游生物，也成为观赏鱼食物的重要来源。

图 9-12

图 9-13

4. 喷泉

利用压力使水自孔中喷向空中再落下的水景形式，就是喷泉，又被称为“水雕塑”。不同造型的喷泉，主要取决于不同的喷水高度、喷水式样及声光效果。设计喷泉的形式，其考虑因素包括功能设置、时空关系、使用对象等。如果是单个设置，一般布置于湖心处，形成高射程喷泉。如果要形成喷泉群，可布置在大型水池组中。

当然，喷泉还可以和其他景观要素组合成景，如采用旱喷泉、音乐喷泉与地面铺装相组合，游人可在其中嬉戏（图 9-14）。其中，音乐喷泉已突破了传统景观意义，具有了动态的表演特征，对此，应该在喷泉的周围留出一定的观赏距离。

图 9-14

（三）人工水景景观设计的构筑物

这里的构筑物，主要说的是与水景设计直接相关的构筑物，如水岸、桥梁、岛屿、汀步、亲水平台。

1. 水岸

水岸，水为面，岸为域。水岸是设置亲水活动的场所，人近距离欣赏水景，主要以它为支撑点。水体驳岸是水域和陆域的交接线，相对水而言也是陆域的前沿。人们在观水时，驳岸会自然而然地进入视野；接触水时，也必须通过驳岸，作为到达水边的最终阶段。自然水体的水岸通常覆盖的是植被，以此稳固土壤、抑制水土流失。同时，由于水岸是水陆衔接之处，它也就成为水生动植物与陆生动植物进行转换的生态敏感区。因此，水岸空间形式的设计，必须结合所在具体环境的艺术风格、地形地貌、地质条件、材料特性、种植特色以及施工方法、技术经济要求来选择，要综合考虑岸边场地的使用功能、亲水性、安全性和生态性等因素。

在实用、经济的前提下注意外形的美观，使其与周围景色相协调。在现代环境景观设计中，水岸的设计大致可以分为人工化驳岸和自然式驳岸两种类型。

(1)人工化驳岸

用人工材料如砖、水泥、整形石材等砌筑的较为规整的驳岸，即人工化驳岸。一些对防洪要求较高的滨水区，如城市主河道、陆地标高较低的湖滨海滨等区域，通常需要设计人工化驳岸。另外，还有集中公共活动的水岸，建有邻水建筑的水岸（图 9-15），规整式景观中的各种水池池岸等。人工化驳岸为了要体现出亲水活动的参与性与丰富性，其岸线一般较为规整，陆地一侧的空间较大，供游人表演、聚会；如果与水面有一定的高差，通常还要设置栏杆，同时也可以设置一些座椅等休息设施。

图 9-15

(2)自然式驳岸

完全或局部保留水岸原有的岸线形式及岸边土地、植物，或是模仿自然的水岸形态建造的驳岸，称为自然式驳岸。自然风景园中的一些湖泊、池塘，或是自由式布局的一些小型水景，采用自然式驳岸比较合适。自然式驳岸，顾名思义，讲究自然，其岸线一般为自由的曲线，不拘一格，采用的地面材料来源广泛，如沙地、沙石、卵石、木头、土面、草地、灌木丛等。与人工化驳岸不同，自然式驳岸与水面的高差不大，因此可以设置自然缓坡地从水面过渡到陆地，起固土作用的主要是一些卵石或植被的根系。由于自然式驳岸没有或者很少有人工因素的介入,因此它能够保留水生动植物原有生态系统的完整性,也就更能充分体现一种和谐的水岸关系。自然式驳岸通常可以和散步道相结合,使人既可以贴近大自然,又可以保证行走的便利性,从而充分享受身心的松弛(图 9-16)。

图 9-16

2. 桥梁

在水景中,架设桥梁可以增加水景的层次,打破水面单一的水平景观,从而丰富竖向空间。桥梁可供游人欣赏水景(图 9-17),同时还可与其他景观要素产生倒影与水交相辉映的效果(图 9-18),或者随着水的流动,或者因光影的移动,可以产生无穷的变化。

图 9-17

图 9-18

3. 岛屿

在人工水景景观设计中，岛屿是重要的构景手段，也是极富天然情趣的水景，主要适用于成片水体中。设置岛屿可以增加水面边缘面积，同时有利于种植更多的水生植物，也为动物栖息提供更多的空间和良好的环境。岛屿的设置，根据功能可分为上人岛屿和不上人岛屿这两种类型。上人岛屿应适当布置一些人的活动空间，有一定的硬地铺装面，可设高台、亭、塔等观景构筑物(图 9-19)；不上人岛屿一般以植被造景为主，营造出一种远观的自然景观效果，通常成为鸟类等动物的天堂。设置岛屿的时候，要特别注意它与水面的比例关系，注意保持整个水面的协调感。

图 9-19

4. 汀步

汀步,也叫“掇步”“踏步”,是步石的一种类型,是指在浅水中按一定间距布设的块石,其微露水面,使人跨步而过。汀步是一种渡水、亲水设施,如同桥梁一样,可以将游人引入另外一处景致,但它比桥梁更加接近水面,质朴自然,别有情趣。在不适合建桥的地方可以用汀步代替桥梁(图 9-20)。汀步属小景,但并不是指可有可无,恰恰相反,却是更见“匠心”。汀步的用材多选用石材,有时也可以使用木材或混凝土等。其造型可以是规整的石板,也可以是随意放置的石块。将步石美化成荷叶形,因此又称为“莲步”。汀步表面平整,适宜游人站立和观景。

图 9-20

5. 亲水平台

为了满足观景、垂钓、跳水、游船等活动的需要,在水边观景的最佳位置通常设置一些平台,即亲水平台(图 9-21)。亲水平台使人可以选择一个最佳的位置和角度与水接触。较小的亲水平台,其材料多以木质为主,用架空的方式置于水边,也有伸入水的形式,如栈桥。较大的亲水平台,为了满足大量人流的聚集,通常使用混凝土等更为坚固的材料修筑,还可以设置一些休憩设施,如座椅、台阶等。中国古典园林中，还有一种亲水平台称为“矶”，面积一般很小，用一块整石砌于岸边，其表面通常打凿得粗糙，主要是为了防滑。

图 9-21

三、滨水植物景观的设计

滨水植物可以使滨水环境景观充满活力、生机盎然，其种植设计是滨水环境景观设计的一个重要组成部分。滨水植物的功能在于其可以护岸、维护生态环境、净化水体、提高生物多样性以及供观赏等，类型多种多样。滨水植物种植设计除了参照一般的植物规划原则外，还有一些特殊要求。

（一）滨水植物的类型

按照不同的位置以及植物所发挥的不同功能来分，滨水植物可以划分为水边植物、水下造氧植物、漂浮类植物和喜湿植物。

1. 水边植物

水边植物主要指的是生长在池边浅水中的植物，它的茎和根通常成为微小水生物的栖息地。水边植物通常生长得很浓密，极富装饰效果，可以成为池边的绿色屏障。不同的水岸形态与多种多样的水边植物,可以组合成丰富多样的亲水空间(图 9-22)。

图 9-22

2. 水下造氧植物

水下造氧植物生活在水中,可以为水中的微生物、鱼虾类等提供氧气和保护地,同时还可以消耗掉水中多余的养料,防止杂草丛生的水藻类的繁衍,减少绿色水体的生成。有些水下造氧植物,如莲花、荷花的叶片和花朵漂浮在水面,也很有观赏价值,而且占用的水面面积可大可小,即使是再小的水面都能容纳一两株莲花,或者几何化的圆形叶面,它们都通常成为水面的焦点(图 9-23)。

图 9-23

3. 漂浮类植物

漂浮类植物根不着生在底泥中，体内具有发达的通气组织，或具有膨大的叶柄(气囊)，以保证与大气进行气体交换，整个植物体就浮在水面，为池水提供装饰和绿茵。这类植物生长、繁衍迅速，随水流、风浪四处漂泊，能够比睡莲更快地提供水中遮盖装饰。同时，漂浮类植物还具有实用功能，它们既能吸收水里的矿物质，同时又能遮蔽射入水中的阳光，所以也能够抑制水体中藻类的生长。但是，由于漂浮类植物生长、繁衍特别迅速，又可能成为水中一害，所以需要定时捞出一些，否则会覆盖整个水面(图 9-24)。因此，也不要将漂浮类植物引入非常大的水面，否则清除困难，也影响整个水体景观效果。

图 9-24

4. 喜湿植物

喜湿植物一般生活在水边湿润的土壤里，或者生活在适宜的泥潭或池塘里，但根部不能浸没在水中。可见，喜湿植物不是真正的水生植物，只是它们喜欢生长在有水的地方，根部只有在长期保持湿润的情况下才能旺盛生长。通常，多种喜湿植物栽植在水边组成浓密的灌木丛，成为水陆间柔和、自然的过渡。喜湿植物品种繁多，常见的有樱草类、玉簪类和落新妇类等植物，另外还有柳树等木本植物、红树植物。

（二）滨水植物景观设计的要求

1. 因“水”制宜，选择植物种类

在进行滨水植物景观设计时，要以水体环境条件和特点为依据，因“水”制宜地选择合适的水生植物种类进行种植。例如，针对大面积的湖泊、池沼，既考虑观赏价值又考虑生产，可种植莲藕、芡实、芦苇等。而一些较小面积的庭园水体，则凸显观赏价值即可，选择一些点缀种植水生观赏花卉，如荷花、睡莲、王莲、香蒲、水葱等。

不同的水生植物，其生长的水体深度也不同。水生植物按其生活习性和生长特性，分为挺水植物、浮叶植物、漂浮植物、沉水植物等类型，其生长环境及价值如表9-1所示。

表9-1　不同类型水生植物的生长环境及价值

类型	生长环境	价值
挺水植物	只适宜生长于水深1m的浅水中，植株高出水面。因此，较浅的池塘或深水湖、河近岸边与岛缘浅水区，通常设计挺水植物	可丰富水体岸边景观（如荷花、水葱、千屈菜、慈姑、芦苇、菖蒲等）
浮叶植物	可生长于稍深的水体中，但其茎叶不能直立挺出水面，而是浮于水面之上，花朵也是开在水面上。所以设计多种植于面积不大的较深水体中	可点缀水面景观，形成水面观赏焦点（如睡莲、王莲、芡实、菱角等）
漂浮植物	整株漂浮生长于水面或水中，不固定生长于某一地点，因此，这类水生植物可设计运用于各种水深的水体植物造景	点缀水面景色，且可以有效净化水体，吸收有害物质（如水浮莲、凤眼莲等）

续表

类型	生长环境	价值
沉水植物	植物体全部位于水层下面，因此，这类水生植物可设计运用于富营养化的湖泊、湿地	有利于在水中缺乏空气的情况下进行气体交换（如苦草、金鱼藻、狐尾藻、黑藻等），有些沉水植物的花朵还可以点缀水面景观

水生植物的选择，除考虑水体深浅外，还要讲究多种植物的搭配。设计时，既要满足生态要求，又要注意主次分明，高低错落，在形态、叶色、花色等方面的搭配都应该协调，以此取得优美的景观构图。例如，香蒲与睡莲搭配种植，既可取得高低姿态对比、相互映衬的效果，二者又可协调生长。

2. 水生植物占水面比例适当

水体种植布局设计总的要求是要留出一定面积的活泼水面，并且植物布置有疏有密，有断有续，富于变化，由此获得生动的水面景色。例如，在河湖、池塘等水体中进行水生植物种植设计，不宜将整个水面占满，否则不但造成水面拥挤，而且无法产生水体特有的景观倒影效果。较小的水面，也不应在四周种满一圈，植物占据的面积以不超过 1/3 为宜，否则会显得单调、呆板。

3. 控制水生植物的生长范围

种植设计时，一定要在水体下设计限定植物生长范围的容器或植床设施，以控制挺水植物、浮叶植物的生长范围。如果不加以控制，水生植物就会很快在水面上蔓延，进而影响整个水体景观效果。针对漂浮植物，可选用轻质浮水材料（如竹、木、泡沫、草素等）制成一定形状的浮框，这不但可以限制其生长范围，而且浮框可以移动，使水面上漂浮的绿洲或花朵灵活变化出多种形状的景观。

4. 布置水边植物种植

在水体岸边布置植物时，要根据水边潮湿的环境进行选择。例如，可以种植设计姿态优美的耐水湿植物如柳树、木芙蓉、池杉、素馨、迎春、水杉、水松等。这些植物可以美化河岸、池畔环境，继而丰富水体空间景观（图 9-25）。

图 9-25

在水体岸边种植低矮的灌木，也可以获得别样的风致景观。它们不但可以遮挡河池驳岸，还可以使池岸含蓄、自然、多变，继而获得丰富的花木景观。

如果选择种植高大乔木，则通常可以创造出水岸立面景色和水体空间景观对比构图效果，同时获得生动的倒影景观。当然，也可以适当地设置一些亭、榭、桥、架等建筑小品，起到点缀的作用，进而增加水体空间的景观内容，也可以给游人通过游憩的设施（图 9-26）。

水景的维护和管理是保证水景效果的必要环节。对水景实施维护和管理主要应从下列几个方面来进行，即保证水质，对水底、水岸进行定期的维护，养护好水生动、植物，进行季节性保养，对池中设施进行定期检修，制定管理制度，落实管理人员等。

图 9-26

第二节　滨水环境景观设计的原则与方法

滨水环境景观设计时，需要综合考虑环境条件的要求与限定、场地的功能要求、经济条件的许可、外部水源条件、后期的管理成本等，有针对性地设计。水是人类的宝贵资源，因此，水景的设置要适量、适度。以下就滨水环境景观设计的原则和方法展开分析。

一、滨水环境景观设计的原则

滨水环境景观是相对独立的景观系统，是景观设计中的重要组成部分。它涉及水的供给和灌溉、气候的调节、防洪以及动植物生长与环境美化等需求，融合了地理学、植物学、景观生态学、环境经济学、艺术学等多学科。滨水环境景观设计应以体现地方的特色风貌，反映地方文化及体现开放、发展的时代精神为基本点，立足山水园林文化的特征，创造具有时代感的、生态性的和文化内涵的景观。具体而言，滨水环境景观设计应遵循下列原则。

（一）生态性原则

滨水环境景观设计应满足生物的生存需要，适宜生物生息、繁衍，遵循生态性原则。如今，生态问题已经是当代人类面临的最为严重的环境问题，因此生态性原则也就理所当然地成为首要原则。在设计时，用水要节制，维持水的自然循环规律；对水质进行生态处理时要充分利用生物生态修复技术，使其具有自动恢复功能；在水体中养殖不同的动植物，以此形成多层次的生物链等（图 9-27）。

图 9-27

（二）自然性原则

滨水环境景观设计要体现自然形态，保护环境的自然要素，要因“水”制宜，追求自然，体现野趣，既要考虑到工程的要求，又要考虑景观和生态的要求，不能简单地把景观设计搬到水边来，要依照地形特点和水体特点设计出各具特色的景观。

（三）实用性原则

任何设计都具有目的性，实用就是目的之一。滨水环境景观设计的实用性主要表现在以下几个方面。

（1）水本身具有实用特性，充分利用这个特点，使水景设计不仅具有观赏性，而且具有经济效益，服务于当地人民的生产和生活，如小区入口的水景设计就结合了实用性和观赏性（图 9-28）。

图 9-28

（2）水景设计应以人为本，要充分考虑并满足人们的实际需要，而不是仅仅作为“形象工程”在特定时段象征性地设计。

（四）安全性原则

滨水环境景观设计还要考虑安全性，有时候甚至要满足防洪的要求。例如，河流的一个重要功能是防洪，为此，人们采用了诸如加固堤岸、堆砌河道等工程措施来保证安全。出于生态、美学等方面的考虑，人们对传统工程措施进行了许多改造，如采用生态河堤，使防洪设施及环境成为一个良好的景观。

（五）可行性原则

在进行滨水环境景观设计时，不同类型的水体所需能量和运营成本都不同，应综合考虑各种因素，保证系统运行的可行性。可行性具体表现在地域条件的可行性、经济的可行性、技术的可行性（表 9-2）。

表 9-2　滨水环境景观设计的可行性表现

表现	相关表述
地域条件的可行性	结合所在地域的条件来设计水景的类型与规模，充分考虑实际建成的效果和可持续使用情况
经济的可行性	大型的音乐喷泉的设计，需要大量的资金进行使用和维护，因此欠发达地区不宜建设此类型的喷泉
技术的可行性	无论是自然水景中的借水为景，还是人工水景中的以水造景，均离不开现代技术的综合协调

（六）整体性原则

水景是滨水环境景观系统中的一部分，具有整体性效果。例如，河流通常就是一个有机整体，其各段相互衔接、呼应，各具特色，联成整体。一般而言，人不仅对水有亲近的愿望，对线状的水体特别是河流也就往往具有溯源心理，设计中往往与墙、柱等建筑元素组合起来运用，使水体周边的空间成为最引人入胜的休闲娱乐空间，进而取得连续而生动的整体效果（图 9-29）。

图 9-29

（七）美观性原则

滨水环境景观设计水景时，要求美观，符合形式美规律，如体现统一与变化、比例与尺度、均衡与稳定、对比与协调、视觉与视差等，以此迎合人们的欣赏习惯，激发其参与的兴趣。在水景设计中，设计师表达自己的设计意图和艺术构思通常需要运用相应的构图经验和形式美规律，同时发散自己的设计思维，敢于打破常规，以期获得丰富多彩的景观。

（八）创新性原则

滨水环境景观设计，其本质及作品的生命力在于自身的创新。如今，水景设计越来越重视民族特色、地域特色、项目特色和设计师风格。水景设计要体现创新性，可从水的类型、组合方式、设计观念、方法、技术等多方面入手。

（九）文化性原则

不同地域的滨水环境具有不同的文化特征，水景设计应体现各地区特有的文化性。文化意境的表现并不是取决于水景的大规模和豪华的装饰，而是取决于设计者的文化修养及其对设计要素的驾驭能力。例如，北京香山饭店（图 9-30）和苏州博物馆新馆就精妙地表现了设计者对中国传统山水文化现代性的把握和驾驭。

图 9-30

（十）亲水性原则

亲水性是人们观赏、接近和触摸水的一种自然行为。加上现代人文主义的极大影响，现代滨水环境景观设计更多地考虑了人与生俱来的亲水特性。因此，在水景设计中要遵循亲水性原则，提供更多位置能直接欣赏水景、接近水面、满足人们对水边散步、游戏等的要求，减少人与水之间的障碍，缩短两者间的距离（小于2m），尽可能增加人的参与性。例如，滨水亲水岸的魅力就在于它通过视觉、听觉、触觉而为人所感受。需要注意的是，水景的亲水性越好，参与活动的人会越多，对环境的影响也越大。

（十一）循序渐进原则

滨水环境景观设计应当遵循循序渐进的原则，其规划设计方法要具有一定的弹性空间。因为滨水区的规划和建设通常受到技术条件、经济条件的制约，对此可以先选取局部地块进行启动，营造环境景观，带动周边地区经济升值，循序渐进地进行开发，最终完全实现滨水区的利用。

二、滨水环境景观设计的方法

在进行滨水环境景观设计过程中，水景设计、构筑物设计、绿地景观设计存在不同的立意、功能、模式和侧重点，其具体的设计方法也就有所不同。

（一）滨水环境景观设计中水景设计方法

1. 借水为景

借水为景，即借助自然水景的设计，主要是指对水边的驳岸、水生动植物、公共艺术品等方面的设计。

（1）驳岸

驳岸从造型上可分为立式、斜式和台阶式；从材料的选择上可分为砖岸、土岸、石岸和混凝土岸。设计时应顺应地形，采取不同的设计方法，具体如表 9-3 所示。

表 9-3　不同地形驳岸的设计方法

地形	设计方法
坡度缓或腹地大的水域地段	宜采用天然原型驳岸，以体现自然之美
水域环境坡岸较陡或冲蚀较严重的地段	采用天然石材、木材做护底，其上筑一定坡度的土堤，堤上再种植植被来增加驳岸的抗洪能力
防洪要求较高、腹地较小的地段	应采取台阶式分层处理。在自然式护堤基础上，加设钢筋混凝土挡土墙组成立体景观

(2)水生动植物

对于动植物较多的水景区域，应尽量保持自然风味，减少人工干预；对于缺少水生动植物的地段，应根据气候条件、水体动静形态以及原生态景观形式来进行配置。具体而言，要符合生态性原则，兼顾经济效益；水边植物配置讲究构图；水上植物疏密相间，应留出足够的空旷水面来展示倒影；驳岸植物的配置考虑交通与视觉关系，藏丑露美；还要充分考虑季节因素，既有季相变化的植物，又有常绿植物，以此保持景观的连续性。

(3)公共艺术品

公共艺术品包括水边的雕塑、壁画、装置艺术及其他艺术形式的作品。作品的题材应反映特定的水文化主题，其形式、尺度、材质均以水为背景；设置的位置和场地布置应考虑到达性和观赏性。

2. 以水造景

以水造景，即对人工水景的设计。人工水景形式多样，不同类型的水景在设计中所起的作用均不同，其设计方法与重点也不一样。以下主要针对静水、流水、跌水、喷水四种类型的景观进行设计。

(1)静水景观

人工静水景观包括人工湖、人工水池、水库、水田、水井等。其中水库、水田、水井体现更多的是实用性功能,而景观只是它们的附加功能或作为古迹遗存的一种表现形式。因此,静水景观设计的重点是人工湖和人工水池,以下主要对二者的池身设计、空间布局、水深设计、动植物养殖设计方法进行分析。

池身设计:池身主要有自由式、规则式、自由与规则结合式等设计形式。具体设计方式如表9-4所示。

表9-4　人工湖和人工水池的池身设计

项目	池身设计方法
人工湖	人工湖水面大,在设计中通常利用场地中现成的洼地依形就势,形式有自由式和多样式,或者二者结合。为使湖岸曲折变化,在设计中常常设廊、桥、栈道、亭、水榭等建(构)筑物来分隔水体,材料多以砖、石、钢筋混凝土为主,丰富空间层次
人工水池	面积小,多开挖、砌筑而成。池岸的设计通常采用规则式,如单一矩形、圆形、三角形或两两组合。池形设计应自然、流畅,与环境整体形态相协调。小型水池可采用玻璃纤维、混凝土、压克力等耐腐、防渗材料。设计遵循尺度比例得当的原则

空间布局:人工湖和水池的设计应从整体出发,布局具体从平面构成和立体空间两个方面的维度来进行,对水体进行空间上的整合。水景内部的各构景要素的构图、组合也可从传统园林中吸取有益的造景手法,同时结合自身形态的特征,迎合当代人的审美情趣,以期获得体现时代特色的视觉效果。

水深设计:从安全的角度出发,静水景观的水深宜控制在1.0m以内,水面离池边应留有0.15m高差。如果要供儿童游玩,水深不得超过0.3m。种植水生植物的深度一般控制在0.1～1.0m等。此外,造景的效果还受到水位的影响,因此水景中应设置自动补水装置和溢流管路。

动植物养殖：水生动植物的投放和种植，应考虑水体规模的大小。人工池水多为静止，其容量小、自洁力差，所以养殖的动植物不能超过正常范围，以免因动植物死亡而造成环境污染。为获得倒影效果，水面植物不宜过多，应留出足够的空水面。

(2)流水景观

人工流水景观主要指运河、水渠和溪流等景观，常表现为线型，能起到串联景点、控制整体景观的作用。

运河：运河通常置身于自然环境之中，跨越多地区，与自然河流有异曲同工之妙。如今，对于运河的设计，人们只需对河道、堤岸及滨水带进行整治，同时适当添置人工造景元素。

水渠：水渠景观是一种典型的线型带状动水景观。按照不同的作用分为文化性水渠、综合性水渠这两大类。文化性水渠，即为灌溉而开凿的古代水渠，如果配建其他旅游服务设施，就可以突出其历史性、纪念性等功能。针对综合性水渠，可以把水渠的形态特征作为设计的基本元素，结合跌水、瀑布、水池甚至喷水等形式，再加上现代造型手法，可以组合成动静配合、点线面交替、视觉心理有抑扬的综合性景观(图 9-31)。

图 9-31

溪流:溪流是一种线型的带状流水景观形态,其规模和尺度偏大,形态表现出很强的自然特性。给溪流营造出不同的形态设计,采取的方法也有所不同,如表 9-5 所示。

表 9-5　溪流不同流态的设计方法

流态	设计方法
缓流	水流平缓,以光滑、细腻的材料砌筑而成,河床的坡度小于 0.5%
湍流	水声随水流平面形态的变化而变化,以粗糙材料,如卵石、毛石来砌筑河床,制造水流障碍,导致湍流
波浪	一种立体形态上的变化景观。将河床底部做成起伏的波浪,另增置变化突然的河道宽度和流水方向,从而获得浪花

总之,溪流水景的设计应根据场地的生态条件、各流经地段的特点、空间大小及周边环境景观等情况来确定其水体规模、流量、流态等。

(3)跌水景观

跌水景观主要是对产生跌水的构筑物进行的设计,形态千变万化。其出水口、跌水面、承水池的设计方法也各不相同。

出水口:出水口的常见形式有隐藏式、外露式、单点式、多点式、组合式。出水口的形状、数量与跌水面的关系对跌水的形态有很大影响,其本身也是形成景观的一部分。例如,出水口设计得宽且落差大时,可以形成水帘的效果;出水口设计呈外露管状时,则可以形成管流。

跌水面:跌水面的形式有滑落式、阶梯式、瀑布式、仿自然式和规则式,其中瀑布的形式有帘瀑、挂瀑、叠瀑和飞瀑等。设计跌水面时,重点注意其造型、尺度、色彩和朝向等,这些因素变化和组合可以形成不同的景观。例如,跌水面色深或背阳时,流水晶莹透明,光斑闪烁。

承水池:承水池的形态类似于人工水池或人工溪流。设计要点有以下几方面。

第一,承水池的设置,应充分考虑其形状、大小、亲水性、周边动植物的配置，并要考虑与跌水面、出水口的协调。例如，承水池面积小，而跌水的流量大，就使景观空间拥塞、局促；反之，承水池面积大，而跌水的流量小，又会使得水景效果不明显、主题不突出。

第二，为取得不同的水花、水声，制造明显的溅水效果和极具吸引力的水声，设计承水池时应该考虑在水落处设置不同形式、材料（常用石或混凝土材质）的承水石。

（4）喷水景观

喷水景观的类型大致可分为旱地式喷泉、水池式喷泉、水洞式喷泉，其设计方法如表 9-6 所示。

表 9-6　不同喷水景观类型的设计方法

类型	设计方法
旱地式喷泉	由于旱地式喷泉的喷水直接落在地面上，为防止场地湿滑，地面应铺装防滑材料。另外，喷头的设置也应与地面平齐，以免影响行人通行
水池式喷泉	水池式喷泉的水池的形状大小应与喷泉的形式、喷射方向和喷泉高度相协调。通常情况下，水池面的长、宽和直径为喷泉高度的 2 倍左右
水洞式喷泉	此种景观需对喷水进行延时性阶段控制，将喷出的水柱准确地投落于预设的蓄水洞中，最后由水洞隐藏的喷头喷出水花。因此，设计时要考虑风力的影响，喷泉的地面应作防滑处理

依据不同的标准，喷水景观还可以分为很多种类型，即便如此，它们都由水源、喷头、管道和水泵四部分组成，其中对喷泉的形态起决定性作用的是喷头。按照喷头的不同形状可分为单射式线状喷头、球状喷头、泡沫状吸气喷头等，设计时应根据场地条件、水景规模和景观主题等因素来进行相应的选用。

（二）滨水环境景观设计中构筑物设计方法

滨水环境景观设计中，水体沿岸构筑物的形式与风格对整个水域空间形态的构成有很大影响。其设计方法有以下几个方面。

第一,要确保沿岸构筑物的密度和形式不能损坏整体景观的轮廓线,并要保持视觉上的通透性。建筑物的形式风格要与周围环境相互协调。

第二,为了使人们方便前往不同的地点进行各种活动,应考虑设置能够迅速、方便到达滨水绿带的通道,同时注意形成风道引入水滨的大陆风。

第三,满足功能要求,满足防洪、泄洪要求;坚固、安全、亲水性好。

第四,体量宜小,造型应轻巧,宜采用水平式构图为主。

第五,色彩宜淡雅,材质朴实(小型建筑、景桥可采用木或仿木结构)。

(三)滨水环境景观设计中绿地景观设计方法

在滨水区沿线建设一条连续的、功能内容多样的公共绿带,是滨水环境景观设计的重点内容。滨水区的绿地系统包括林荫步行道、广场、游艇码头、观景台、赏鱼区、儿童娱乐区等,要结合各种活动空间场所对其进行合理设置。

滨水区的植物选择应体现多样化的特征,使滨水区绿地景观更加丰富。其中群落物种多样性大,适应性强,也易于野生动物栖息。滨水区的绿化应多采用自然化设计,讲究花草、低矮灌丛、高大树木等的层次组合。另外,要增加软地面和植被覆盖率。

第三节　滨水环境景观设计实例分析

世界各国成功的滨水环境景观设计实例有很多,尤其是国外城市滨水规划和设计的方法更加完善。每个具体的实例都有自己的风格和特点,通过对成功案例的研究和分析来探寻适宜本地区经济和文化背景的设计方案，以求展现当地独特的景观和独特的设计风格。下面我们结合实例对滨水环境景观设计进行分析。

一、纽约的滨水区设计——巴特利公园城

巴特利公园城是纽约成功的滨水区设计案例之一。它位于纽约曼哈顿西南角，与哈德逊河毗临，面积约 3 700m^2，是经过填河而成的滨水区景观。巴特利公园城内设有各种公共设施：办公大楼、高级酒店、图书馆、学校等，周边还点缀着城市公园、绿地、散步区、游船码头等。

巴特利公园城河滨步行道两侧有自然景观，也有人工景观，给人一种愉悦和震撼的美妙感觉（图 9-32）。

图 9-32

巴特利公园城最初是一片废弃不用的码头和荒地，后来建筑师华莱士·哈里斯提出了“巴特利公园城”的规划方案，最终得到认可，并为此成立了一个专门的设计组对该工程负责。设计小组在 1969 年提出最初的设计方案，但由于 20 世纪 70 年代经济危机的出现迫使整个项目停顿，直到 1979 年才再度恢复。这次重建由亚历山大·库珀与斯坦顿·埃克斯塔担任总设计规划。他

们提出兴建应沿现有街道格网不断延伸的模式进行,并得到了官方的认同。

新的设计方案是以街道和广场为中心元素,将曼哈顿原有的街道网格进行延伸,把整个用地分成若干个地块,并充分利用滨水区条件,设置了河滨步行道、公园等一系列公共空间。这种设计方法充分利用了现有的交通资源和地点优势,大大减少了工程造价,既复兴了传统城市布局,又在整体布局上又加入了新的元素。此后,办公建筑、住宅、公共建筑和开放空间等相继建成。

第一个建成的公共空间是河滨步行道。该河滨步行道采用纽约老公园中常见的景观元素进行设计,使这条步行道成为市民休闲、散步的理想之处。位于世贸中心中部的商务区建有四座塔楼,由大型“冬季花园”(图 9-33)、期货交易所大楼等建筑物共同构成一个有机的整体。

图 9-33

巴特利公园城是较早的也是具有代表性的城市滨水区工程。其空间景观和建筑风格的良好的连续性是之后城市滨水区设计所借鉴的对象(图 9-34)。

图 9-34

二、芝加哥的滨水区设计

芝加哥滨水区主要包括密西根湖畔和芝加哥河沿岸，在工业革命之前，这里的工业已经非常繁荣，其布满了以工业为主的工厂、仓库、码头等设施。随着工业革命的发展以及现代航空业、汽车、铁路运输的发展，滨水区的产业和运输业急剧衰退，滨水区逐渐被废弃和污染。直到 1980 年以后，人们才再度决心复兴芝加哥滨水区。为此，芝加哥市政府有关部门和一个名为"芝加哥河之友"的民间团体出资编制了"芝加哥河城市设计导则"，并得到了官方的认同。该设计导则编制的主要目标是沿穿越整个市中心的芝加哥河道建立连续的河滨步行系统，将芝加哥河滨水地区作为城市开发的中心，创造出方便人们到达的绿色滨水开放空间。导则内容对沿河建筑的体量、滨水绿化栽植标准、河道开口大小、河岸防水墙的处理、滨河之间过渡区的处理等一些城市改建中的具体问题作出了相应的规定。其中，原滨水码头在新城市规划中全部被再利用，成为城市新功能空间(图 9-35)。导则编制内容得到实施后，芝加哥河滨水区景观已经得到了明显的改善。这里建设了完整的步行道系统、和谐的公共建筑和宁静的公共空间等。

图 9-35

三、横滨的滨水区设计——21 世纪未来港

横滨东临东京湾，是世界上有名的滨海城市。它在 19 世纪 50 年代后逐渐发展成为一个开放贸易口岸，人口和城市规模一度扩张，城市景观设计也越来越受到重视，形成了围绕港口发展的特征。21 世纪未来港(图 9-36)的建成，是横滨向国际性城市转型的标志。

图 9-36

第二次世界大战结束后，日本的经济曾经高速增长，但因20世纪70年代的能源危机，其经济也逐渐转入了调整阶段。曾经作为主要运输中心的水运港口也因此失去了以往的统治地位，滨水区大片的工业或港口用地也随之被废弃。港口城市横滨急需采取措施应对这一系列新的变化。从20世纪70年代开始，横滨完善了城市设计制度，着重规划改造滨水区。20世纪80年代后，日本兴起了城市再开发项目，也因此出现了很多填海开发项目，其中21世纪未来港便在其中。

21世纪未来港位于内港地区，总占地面积为18 600m^2，曾是以物流、生产功能为主的三菱重工的码头用地。20世纪70年代后，随着码头功能的完全退化，三菱重工业厂等开始搬迁，遗留的空地和周围填海增加的土地后来都被整合到21世纪未来港的用地计划中。21世纪未来港被认为是日本第一个成功贯彻了规划城市天际线的设计项目。规划中的地标大厦皇后广场、太平洋中心和横滨市博物馆等都是大型建筑项目，其地标性建筑如图9-37所示。

图 9-37

21世纪未来港主要以三条轴线为框架，由一系列公共空间组成整个城市的空间结构。这三条轴线是两纵一横的线性步行景观带，分别被称为皇帝轴线、皇后轴线和大摩尔轴线。三条轴线成为港区的规划框架，也是重要的交通步行系统。其中皇帝轴线和皇后轴线分别是横滨火车站和樱木町火车站直达21世纪未来港海滨的主要线路，而处于新区中部的大摩尔轴线则负责这两条轴线之间的联系。

如今，21世纪未来港已经发展成为横滨港湾商业文化区的主要组成部分。这里集中了横滨市博物馆、海洋博物馆、国际会议中心、地标大厦、皇后广场、太平洋中心、临港公园等许多大型公共建筑和开阔空间。21世纪未来港充分利用海滨的自然条件和海港的历史元素，兼顾社会、经济、文化发展等多种要素进行规划开发；为了突出城市的整体景观，同时考虑到了建筑物的颜色和质感。城市建筑物以亮白色为主体，另外采用的棕色、乳白色和灰色则有一定的波动范围，整体色彩统一和谐，突出了宁静港湾的特色。

总之，日本21世纪未来港具有明确的定位和发展框架，充分利用了现有的自然和历史资源，创造了极富特色的新型海港的城市形象，是滨水区开发设计的成功案例。

通过对以上实例的分析，可以进一步了解滨水环境景观设计涉及内容的广泛性，包括陆域和水域、水陆交接地带和涉河湿地类等，与“景观场地规划”和“生态景观学”关系非常密切，在整个景观学各类设计中是最综合、最复杂和最富有挑战性的一类。它既考虑生态层面上的因素，还考虑经济层面上的因素，同时考虑社会层面上和都市形态层面上的因素。总之，滨水环境景观设计必须综合考虑到生态效应、美学效应、社会效应和艺术品位等，做到人与大自然、城市与大自然和谐共存。

参考文献

[1]胡俊.景观设计.重庆:重庆大学出版社,2015.

[2]檀文迪,霍艳虹,廉文山.园林景观设计.北京:清华大学出版社,2014.

[3]蔡雄彬,谢宗添.城市公园景观规划与设计.北京:机械工业出版社,2013.

[4]刘骏.居住小区环境景观设计.重庆:重庆大学出版社,2014.

[5]房世宝.园林规划设计.北京:化学工业出版社,2007.

[6]黄春华.环境景观设计原理.长沙:湖南大学出版社,2010.

[7]郑宏.环境景观设计(第二版).北京:中国建筑工业出版社,2006.

[8]苑军.景观设计.沈阳:辽宁科学技术出版社,2009.

[9]董智,曾伟.园林与环境景观设计.北京:北京大学出版社,2014.

[10]刘娜,格日勒,潘萌萌等.景观小品设计.北京:中国水利水电出版社,2014.

[11]宋培娟.园林景观工程设计与实训.北京:北京大学出版社,2014.

[12]郭殿声,钱媛园,宋泽海.景观规划设计基本原理与课题实训.北京:中国水利水电出版社,2013.

[13]周斌.园林景观在规划设计中的特性与应用.艺术教育,2015(4).

[14]付梦晨.现代中国城市景观设计发展探析——生态与科技的结合.科技与创新,2015(4).

[15]雷凌华,龙岳林,胥应龙,齐增湘.中学校园环境景观设计探究.福建林业科技,2007(12).

[16]艾亚玮,刘爱华.固“步”不应“自封”——商业步行街环境景观设计之探讨.城市规划,2009(12).

[17]杨新选.新建居住小区景观设计引发的几点思考.内蒙古林业设计调查,2015(4).

[18]李娜.人工环境与自然的融合——以克拉玛依市城南经济适用房为例.华中建筑,2015(4).

[19]胡晓琳.当代城市景观设计的美学范式研究.美术教育研究,2015(3).